意境果酱画教程与鱼雕技法

罗家良·著

化学工业出版社
·北京·

内容简介

本书主要介绍了意境果酱画的定义、特点，果酱画的原料和工具，果酱颜色的调制和用法，勾线填色法、手抹法、棉签擦抹法、薄厚法、刀刮法、分染法、抹圈法、水破法、点染法、平刷法、晕染法等常用技法，对花的画法进行了重点讲解。书中还简单介绍了鱼雕的定义和特点，鱼雕制作要点和方法。书中收录了100余种果酱画的详细制作步骤和优美的成品图，以及10种鱼雕的精美摆盘。本书附有大量的教学视频，便于读者理解要点，快速掌握相关技术。

本书可供厨师以及烹饪专业师生参考。

图书在版编目（CIP）数据

意境果酱画教程与鱼雕技法 / 罗家良著．—北京：化学工业出版社，2024.4

ISBN 978-7-122-45181-1

Ⅰ. ①意…　Ⅱ. ①罗…　Ⅲ. ①果酱-装饰雕塑　Ⅳ. ①TS972.114

中国国家版本馆CIP数据核字（2024）第051698号

责任编辑：彭爱铭　张　龙　　装帧设计：史利平

责任校对：杜杏然

出版发行：化学工业出版社（北京市东城区青年湖南街13号　邮政编码100011）

印　　装：北京华联印刷有限公司

710mm×1000mm　1/16　印张 $10^1/_2$　字数180千字　2024年10月北京第1版第1次印刷

购书咨询：010-64518888　　售后服务：010-64518899

网　　址：http://www.cip.com.cn

凡购买本书，如有缺损质量问题，本社销售中心负责调换。

定　　价：69.00元

前言

我之前已经出版了四本果酱画方面的书，时隔几年，再出新作，有何新意？

之前出版的书，是以图片和文字形式呈现给读者的。而这本书，除了图片和文字，还有视频。书中的每个作品都配有二维码，读者扫码就能直观地看到完整的绘画过程和示范讲解，这是传统纸质书与现代科技相结合的产物，学习效果是传统纸质书无法比拟的。

本书推出了意境果酱画的概念，将古典诗词、中国书法和果酱画结合在一起。诗词和书法也成了果酱画的一部分，这样突出了文化内涵，体现了意境之美，提高了果酱画的品位和档次。

牡丹花深受我国人民喜爱。我曾花费很长时间研究写意牡丹花的画法，从花头结构入手，用手抹的方式尝试将写意牡丹画成果酱画，终于在技术上有所突破。这种手抹切瓣牡丹花的技法简单、快捷、美观、实用，比之前费时费力的工笔牡丹（分染牡丹）更具优点。可以说，这种牡丹花的画法是这本书最大的技术亮点。

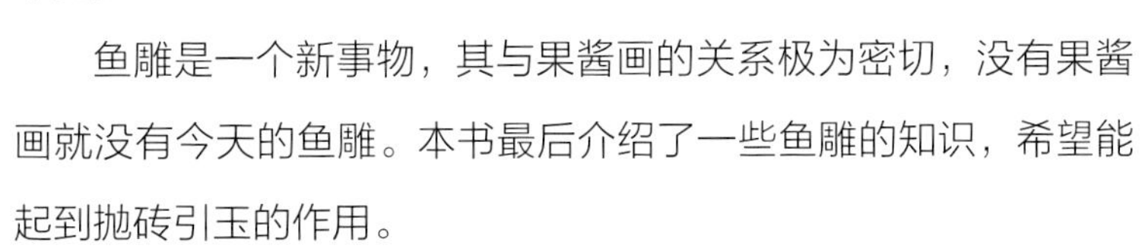

鱼雕是一个新事物，其与果酱画的关系极为密切，没有果酱画就没有今天的鱼雕。本书最后介绍了一些鱼雕的知识，希望能起到抛砖引玉的作用。

本书不足之处在所难免，请读者朋友批评指正。烹饪院校的教师同行，如需要资源分享，可与我联系（15640074153）。

罗家良

2024 年 2 月于沈阳

目录

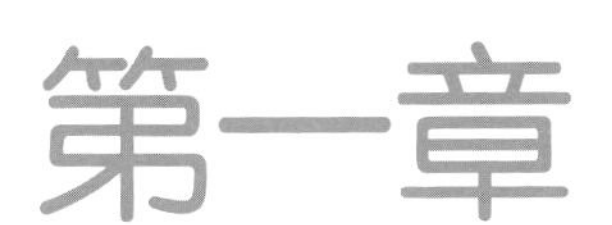

第一章

意境果酱画概论

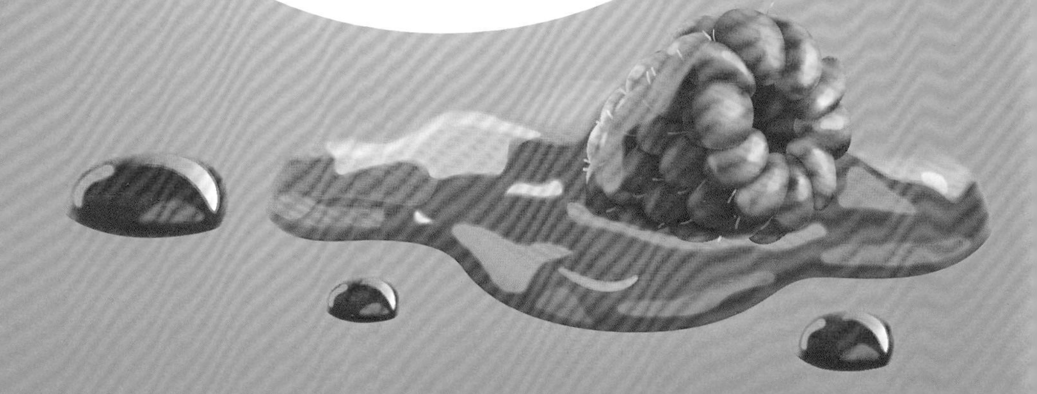

一、什么是意境果酱画

先说何为“意境”，艺术作品通过形象描写表现出来的境界和情调，是为意境。

意境果酱画，就是在果酱画的基础上，融入了文学内容（古典诗词、经典文字）、书法艺术、留白构图等要素，几者之间互相补充、互相影响、情景相生、虚实相成，从而激发人们的联想和想象，使人身临其境，得到审美愉悦。

意境果酱画不是追求画法高难、画工精细烦琐、色彩艳丽，而是注重意的表现，意与境谐，追求象外之象、韵外之致，注重体现文化内涵。意境果酱画应该简单、简洁，能给人留下想象的空间，使人们的心灵受到启迪。

二、果酱画的特点

果酱画有以下几个特点。

（1）节省时间，快捷方便。简单的线条图案，几秒、十几秒就可完成，稍复杂点的花鸟鱼虾，几分钟完成，比食品雕刻和糖艺都要节省时间。

（2）成本低廉，节省原料。和其它盘饰相比（比如果蔬雕盘饰、糖艺盘饰、鲜花盘饰等）果酱画几乎是零成本。

（3）色彩丰富，表现力强。可根据菜肴和餐具的形状、颜色灵活设计果酱画的内容。

（4）简单好学，容易上手。无论有无美术基础，多练几次就可以画出简单实用的果酱画。

（5）容易保存，节省空间（画好的盘子可以摞在一起）。不会像雕刻盘饰、糖艺盘饰那样有干瘪或破碎之虞，盘子使用后容易清洗。

（6）安全卫生。所用原料，无论是果酱、沙拉酱、巧克力酱，都是食物原料，即使在使用过程中与食物接触，也不会影响食用。

三、意境果酱画的特点

意境果酱画是普通果酱画的升级版，书法、文字、构图留白都是意境果酱画的一部分，诗书画结合，形意相通，传情达意，能让人心驰神往。

换句话说，意境果酱画，不是画鱼即鱼，画花即花，而是看过之后，小中见大，由近及远，能将你带入另一个世界，让你的思绪放飞，让你想起一个人物、一个故事、一段经历、一种感悟，这样的果酱画有韵味、有回味、有内容、有深度、充满乐趣，是为意境果酱画。

四、果酱画的原料和工具

果酱画的原料和工具具体如下。

（1）果酱画的原料，通常是用镜面果膏（也叫水晶光亮膏，图 1-1）。还可以用沙拉酱、巧克力酱等。

（2）食用色素（一定是食品级的色素，绝不可使用工业用色素），一般选用液体的食用色素比较方便，但有时也可使用粉末状食用色素（图 1-2）。

图1-1　镜面果膏

图1-2　食用色素

（3）果酱笔。也叫果酱瓶、酱汁笔（图 1-3），塑料材质。每个果酱笔配 7 个可以更换的不同粗细的笔头，使用的时候边挤果酱笔边画线。

（4）调好颜色的果酱笔。见图 1-4。

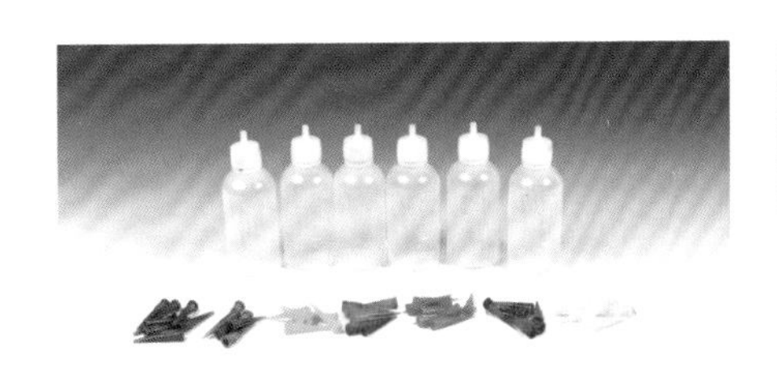

图1-3　空果酱瓶和笔头

图1-4　调好颜色的果酱笔

（5）广口瓶（图 1-5）。每天用过的果酱笔头，用完之后取下，放入瓶中用清水浸泡，防止笔头堵塞。

（6）其它工具（图 1-6）。从左向右，硅胶铲（调果酱用）、牙刷（画平行线用）、毛笔（画竹叶、花瓣或写字用）、排笔（画树叶、水倒影等）、调羹（刮竹节或抹水滴线）、棉签（擦抹花瓣或修改）、牙签（挑划细线、花蕊）、水果刀（刮竹节、兰花叶）、喷壶（向盘子上或果酱画上喷水，形成晕染效果）。

图1-5　广口瓶

图1-6　其它工具

五、果酱的调制、使用和保存

调制：将透明果膏放入干净的盆中，一点一点加入色素，用硅胶铲搅拌均匀，然后用手指蘸果酱抹在白盘上，觉得颜色合适后将果酱装入裱花袋，挤入果酱瓶中（图 1-7、图 1-8）。

图1-7　调果酱

图1-8　装入果酱瓶

使用：

（1）使用前，将笔头插在果酱瓶上，顺时针旋转一下，这样使用中笔头就不会脱落了。

（2）使用中，边画边挤果酱瓶，力量要适中，运笔速度与挤瓶的力量要配合好，否则会出现断线或粗细不均的情况。

（3）使用后，要将笔头拔下放在广口瓶中用清水浸泡，防止堵塞。果酱瓶也要竖直放置于保鲜盒内，盖上盒盖置于阴凉处，这样就不易变质和胀瓶。

保存：天热的时候，果酱容易受热膨胀，从果酱瓶口溢出，这就需要用完后将果酱瓶的瓶盖（不是笔头）拧下，放清水中洗净，再拧到果酱瓶上，竖立放置于阴凉处。

六、常用的果酱颜色、调制方法与用途

常用的果酱有红色系、绿色系、灰褐色系、蓝白色系四种（图 1-9 ~图 1-12）。

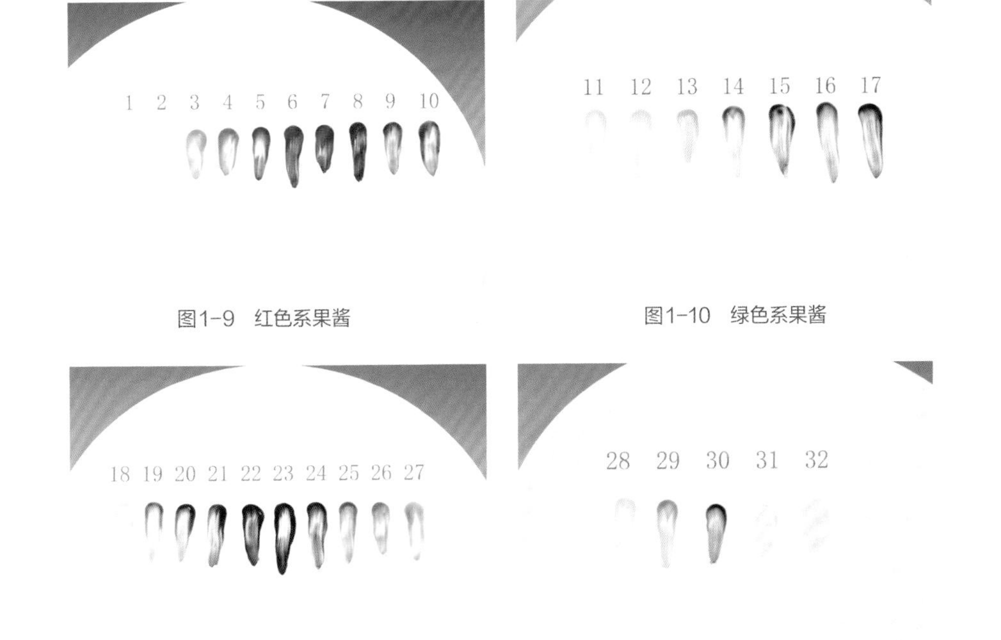

图1-9　红色系果酱

图1-10　绿色系果酱

图1-11　灰褐色系果酱

图1-12　蓝白色系果酱

果酱颜色的调制方法与用途如表 1-1 所示。

表1-1　果酱颜色的调制方法与用途

序号	颜色名称	调制方法	用途
1	透明黄	透明果膏加黄色素	画花心、花瓣
2	不透明黄	透明果膏加黄色素加钛白色素	不透明，有覆盖力，在有颜色的地方画细小的花心

续表

序号	颜色名称	调制方法	用途
3	橙	透明果膏加橙色素	画花瓣、花心
4	橘红1	透明果膏加橙色素加一点红色素	画花瓣、花心
5	橘红2	橘红1中再加一点红色素	颜色比上一个重一点，画花瓣、花心
6	橘红3	橘红2中再加一点红色素	颜色接近红色，画花瓣、花心
7	红	透明果膏加红色素	画花瓣、太阳、鸡冠等
8	紫红	透明果膏加苋菜红色素（粉状）	画花瓣
9	玫瑰红（浅紫）	透明果膏加少量的苋菜红色素（粉状）再加一点点紫色素	画花瓣、葡萄、茄子等
10	粉	透明果膏加少量的苋菜红色素（粉状）	画桃花、荷花、牡丹花等
11	黄绿色	透明果膏加黄色素加一点点绿色素	画花心、水果、草地等
12	绿黄色	透明果膏加绿色素加一点点黄色素	画花心、柳树、草地等
13	纯绿色	透明果膏加绿色素	画绿叶、西瓜
14	草绿色	透明果膏加绿色素加黑色素再加一点黄色素	画绿叶最常用的颜色
15	墨绿1	透明果膏加绿色素加黑色素	画绿叶
16	墨绿2	上面的墨绿1再加一点绿色素	画绿叶、树枝等
17	墨绿棕	墨绿1加一点棕色素	画枯叶、树枝等
18	浅灰	透明果膏加一点点黑色素	画枝条、影子、仙鹤、白鹭等
19	中灰	上面浅灰再加一点黑色素	画枝条、叶子、小鸟、小鸡
20	深灰	上面中灰再加一点黑色素，与黑接近	画叶子、枝条、小鸟、山水等
21	黑	上面深灰色再加黑色素	画线、写字，是使用最多最频繁的果酱
22	焦黑	上面的黑果酱再加入一些黑色素	使用不多，一般用于画鸟的眼睛、嘴等
23	深紫	透明果膏加苋菜红色素加黑色素	画深色葡萄、花心等，使用不多
24	棕黑	透明果膏加棕色素再加黑色素	画树干、树枝、线条等
25	棕	透明果膏加棕色素	画树枝、小鸟等
26	虎皮黄	透明果膏加棕色素加橙色素再加一点点黑色素	画老虎、小鸟、水果等
27	棕灰	透明果膏加棕色素加一点点黑色素	画树枝、树叶等
28	浅蓝	透明果膏加一点点蓝色素	画蝴蝶、小鸟、蓝天等
29	深蓝	透明果膏加适量蓝色素	画小鸟、蝴蝶等
30	青色	透明果膏加蓝色素再加一点苋菜红色素（粉状）	画小鸟、远山
31	白色	透明果膏加粉状钛白色素	画小鸟黑色翅膀上的白线条、水果的高光点等
32	透明	透明果膏什么也不加	使用分染技法时，用于减淡颜色，形成渐变效果

第二章

果酱画技法概述

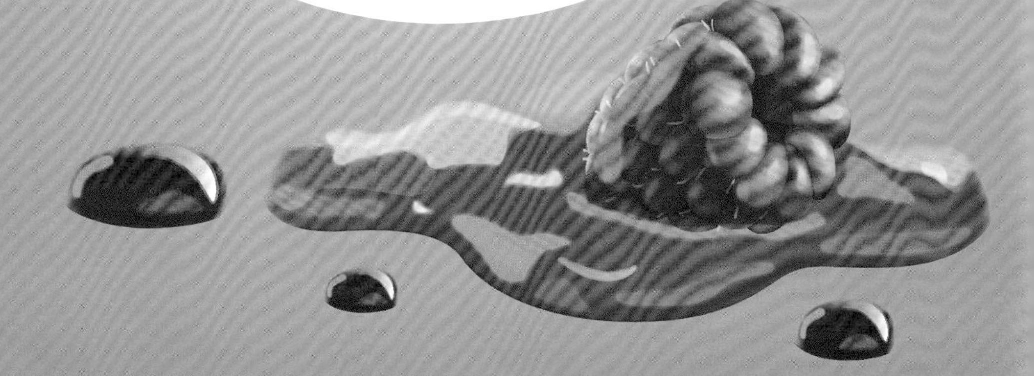

一、果酱画常用画法

果酱画的常用画法有以下几种。

（1）勾线法。用果酱笔直接在盘子上画出各种形状，注意要边画边挤压果酱瓶，使线条流畅，这是果酱画最基本的技法，后面的很多技法都是以这种方法为基础的，如填色法、分染法、先抹后勾法等（图 2-1）。

（2）勾线填色法。先用线条勾出形状，然后用果酱充填颜色（图 2-2）。

（3）先抹后勾法。先抹出一个有颜色的面，然后用黑色果酱（或其它果酱）在面上画出形状（图 2-3）。

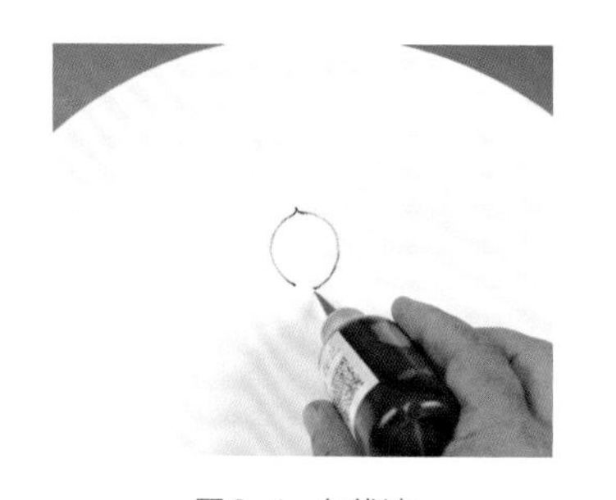

图2-1　勾线法

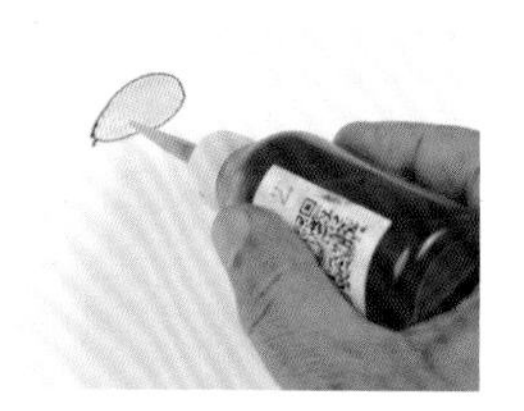

图2-2　勾线填色法

图2-3　先抹后勾法

（4）手抹法。用手指肚（或手的其它部位）推抹果酱，画出花瓣或叶子或其它形状，注意手指按压果酱的力量要适中（图 2-4）。

（5）反复推抹法。手指按在果酱上上下反复推抹，如画喇叭花瓣、荷叶、树干等（图 2-5）。

（6）竹签擦划法。用竹签在画好的线上再用力划一遍，突出树枝枯干硬朗的感觉（图 2-6）。

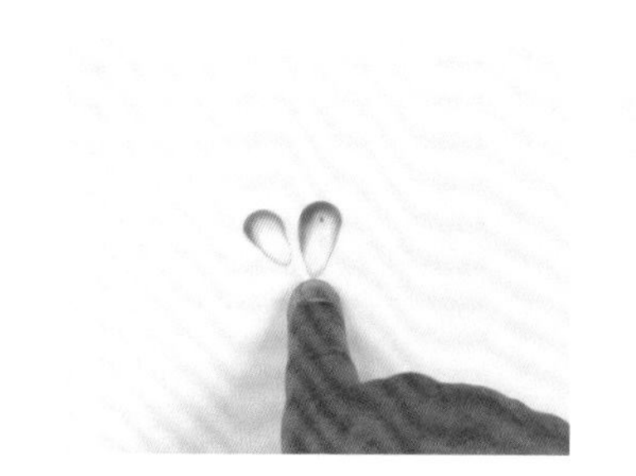

图2-4　手抹法

图2-5　反复推抹法

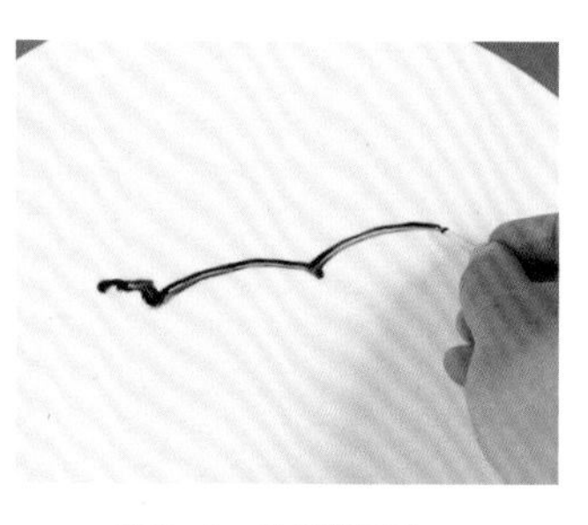

图2-6　竹签擦划法

（7）棉签擦抹法。用棉签画出较小的或细长的花瓣（图 2-7）。

（8）薄厚法。用一种果酱的薄厚堆积来表现颜色的深浅，从而体现出立体感，比如画枇杷、画葡萄（图 2-8）。

（9）指甲擦划法。用指甲划出线条，用于画公鸡的尾巴、鹰的翅膀、草叶等（图 2-9）。

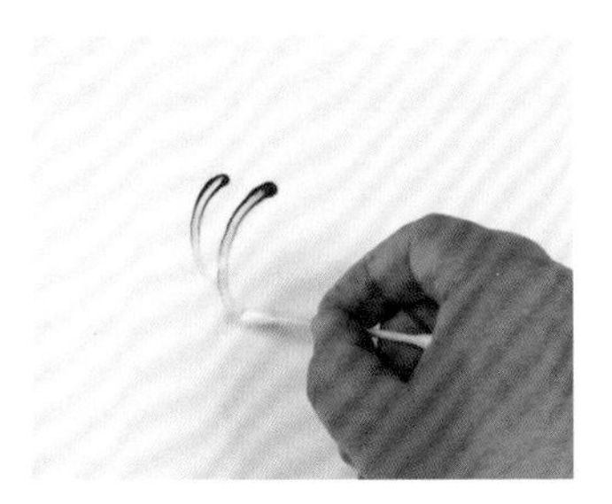
图2-7　棉签擦抹法

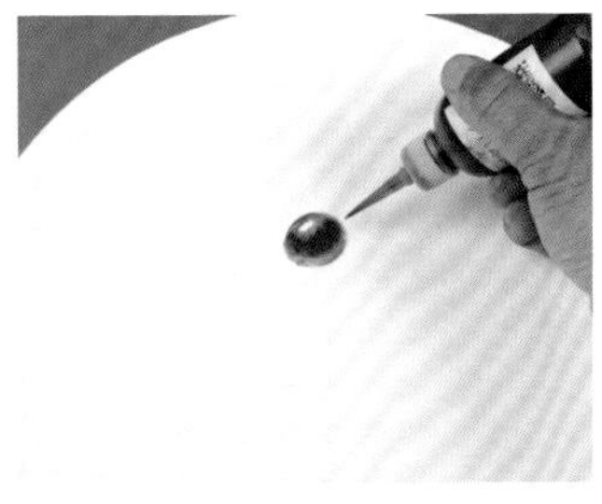
图2-8　薄厚法

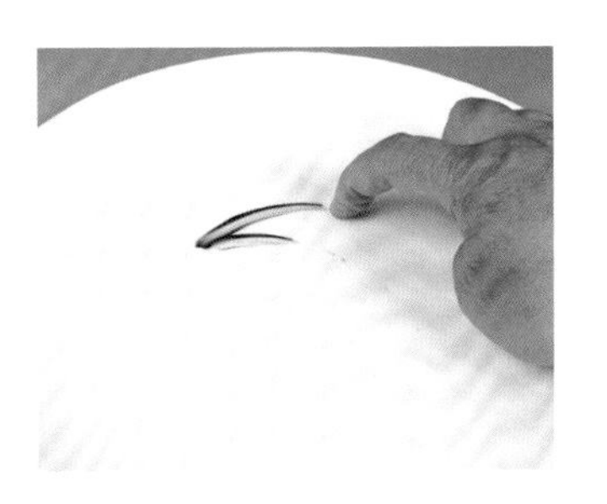
图2-9　指甲擦划法

（10）掌擦法。用手掌最厚的部位（大鱼际）擦出山的效果（图 2-10）。

（11）刀刮法。用水果刀的刀尖刮出竹节或草叶的方法（图 2-11）。

（12）笔画法。用毛笔蘸果酱画出竹叶、柳叶、花瓣的方法（图 2-12）。

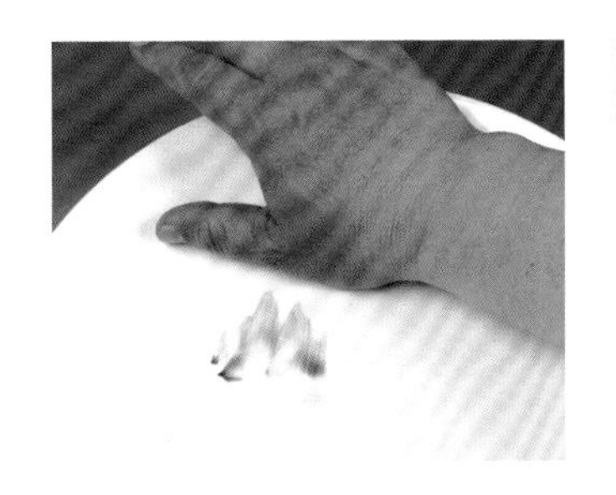
图2-10　掌擦法

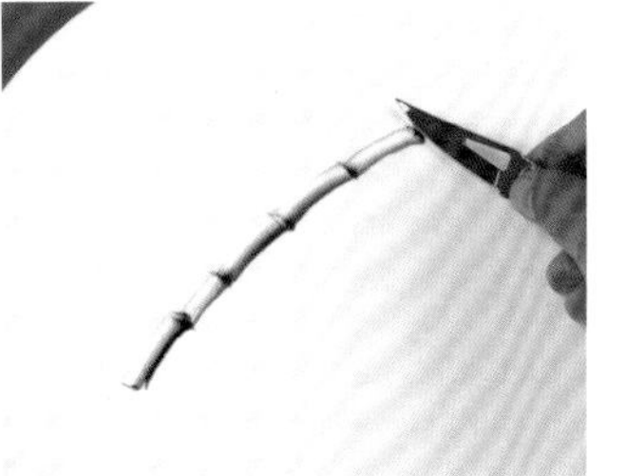
图2-11　刀刮法

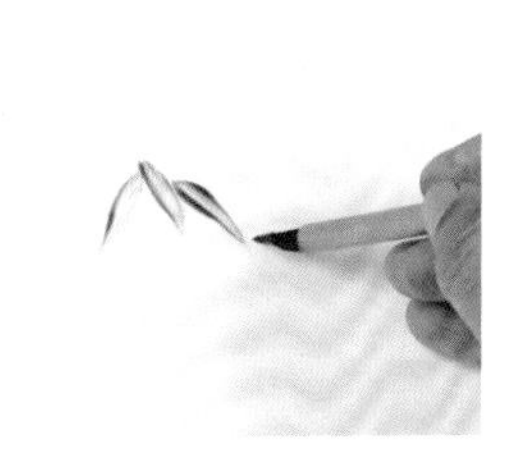
图2-12　笔画法

（13）分染法。将不同的颜色分区域画在一片叶子或花瓣上，通过笔尖的反复勾抹，从而出现渐变效果的方法（图 2-13）。

（14）抹圈法。用手指在挤好的果酱上画圆圈，如画灯笼、葫芦、西红柿等（图 2-14）。

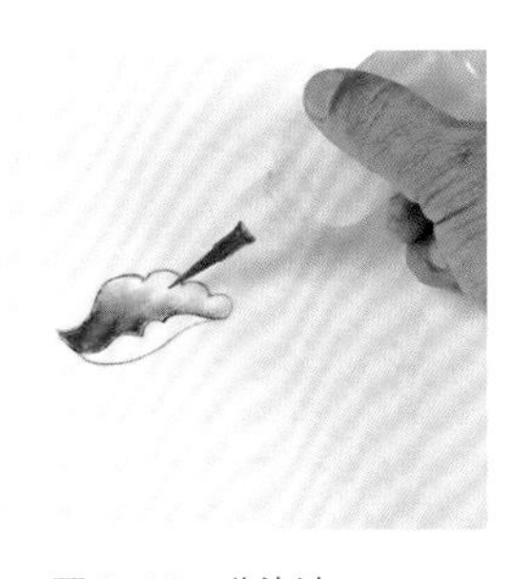
图2-13　分染法

图2-14　抹圈法

（15）切瓣法 1。这是专门用于画牡丹花的方法，先用手抹出一片花瓣，然后用果酱笔在花瓣上画出翻卷的花瓣形状（图 2-15）。

（16）切瓣法 2。用手指将翻卷的花瓣部分向外抹一下，与整片花瓣重合，这样就画出了一片翻卷的花瓣（图 2-16）。

（17）水破法。将一种或两三种果酱挤在盘中，滴一点水，用手指拍压果酱使之变稀，互相渗透，并将盘子倾斜使果酱流淌，形成自然的图案，待干燥后（可使用热风筒或微波炉加热）再添加其它景物，画成一幅山水画（图 2-17）。

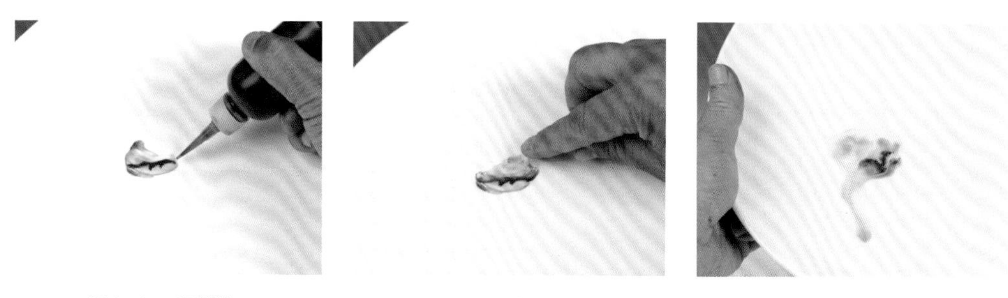

图2-15　切瓣法1　　图2-16　切瓣法2　　图2-17　水破法

（18）点染法。用果酱笔在盘子上画出小点，如树叶、花蕊、苔点等（图 2-18）。

（19）点蘸法。用手指蘸起果酱再按下再蘸起，如此反复，形成不规则的、自然的树叶形态（图 2-19）。

（20）点厾法。厾的本义是用木棍轻轻击打的意思。国画中的点厾法是指用毛笔随意点画的意思，而果酱画中的点厾法是指用手指蘸一点点果酱，在盘中随意按压抹擦。与前面的手抹法和点蘸法不同的是，点厾法用的果酱比较少，且是在果酱即将要干的时候擦抹的。需要说明的是，点厾法看似随意，其实在作画之前心中是有形的，既要事先设计好花形，又要随机应变，顺势而为（图 2-20）。

图2-18　点染法　　图2-19　点蘸法　　图2-20　点厾法

（21）排笔平刷法。用排笔蘸果酱在盘子上刷出水的倒影或鸟的羽毛等（图 2-21）。

（22）排笔点蘸法。用排笔蘸果酱在盘子上蘸出树叶（图 2-22）。

（23）喷水晕染法。用喷壶在刚刚画好的树或山上喷一层清水，使水与果酱融合渗透，形成晕染效果。也可以先喷一层水，然后再画（图2-23）。需要说明的是，这种方法与前面的水破法的区别在于水量的多少，水破法的水量比较多，不同颜色的果酱调稀后靠互相渗透和自然流动形成不规则的图案，而这种方法靠少量的水使画面（山和树）形成晕染的效果。

图2-21　排笔平刷法

图2-22　排笔点蘸法

图2-23　喷水晕染法

二、手指的抹法

果酱画中，手抹法比较常用，这也是果酱画区别于其它画种最重要的特征之一。手抹法的操作有两种：一种是用手指蘸适量果酱在盘子上擦抹；一种是把果酱挤在盘子上，然后用手指擦抹。第二种方法比较常用。

手抹法的要点有三个：

（1）抹的力量（确切点说是手指按压果酱的力量）要合适。多数情况下不能太用力压果酱，也不能压太轻（抹喇叭花、树干除外）。

（2）手指按压果酱的位置要合适。抹花瓣或者抹叶子的时候，手指不能把果酱完全压住，而是留出些边缘部分，这样才能擦抹出较好的渐变效果（图2-24～图2-26）。

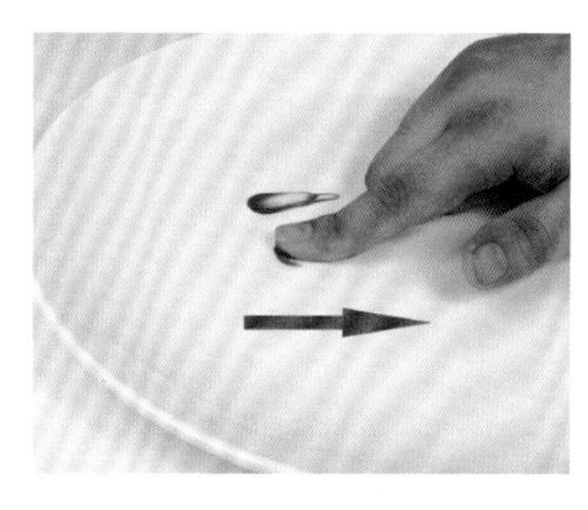

图2-24　正确的抹法1

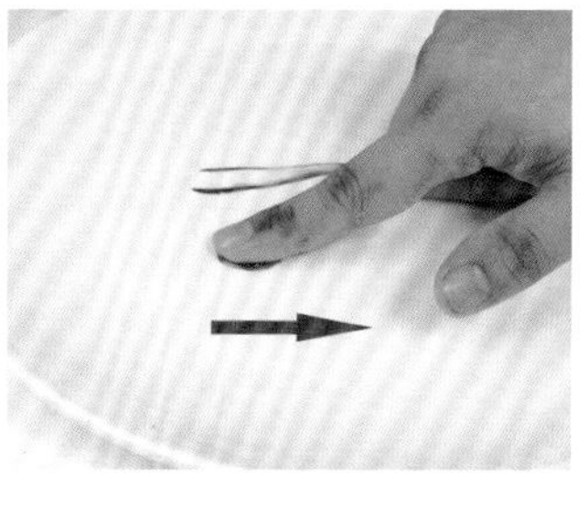

图2-25　错误的抹法

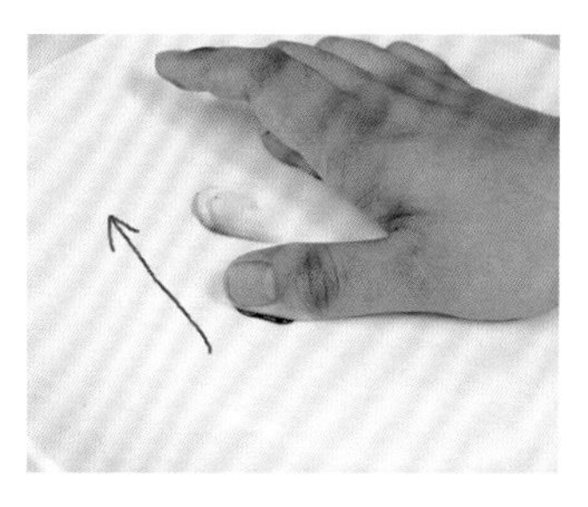

图2-26　正确的抹法2

（3）手指的部位要合适。用手的不同部位去擦抹果酱，抹出来的效果是不一样的，最常用的是食指的指肚抹花瓣，用拇指的侧面抹叶子，也可用手的其它部位如手掌抹山水（图 2-27）。

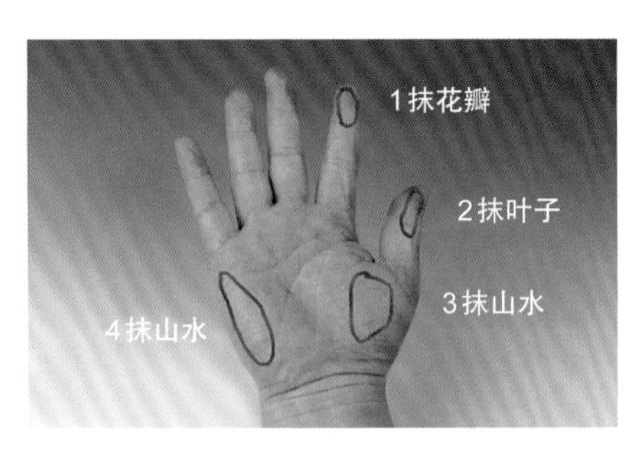

图2-27 手的不同部位抹出不同的效果

三、花和花瓣的画法

花鸟果酱画技法是本书的重点，所以本章节集中介绍一下荷花和牡丹花的整体花形和花瓣的形状。

荷花和牡丹花的形状，在开放的时候呈碗状，而未开放的花蕾基本上呈椭圆状和球状。

（1）荷花花瓣的形状为椭圆形，顶部略尖，因花瓣整体呈勺状，花瓣较厚，画的时候多数是有卷边的（图 2-28）。

图2-28 荷花的花瓣形状

（2）牡丹花瓣的形状为圆形，有不规则的齿，花瓣整体也是呈勺状，所以画的时候多数是有翻卷的（图 2-29）。

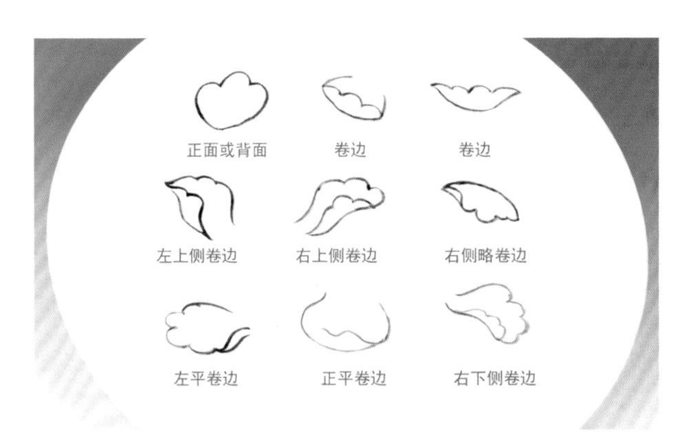

图2-29　牡丹花的花瓣形状

（3）画花的口诀。

“米字法”画牡丹。本书有不少写意牡丹花（也叫切瓣牡丹）的作品，这种花的花瓣画法如图 2-15、图 2-16 所示。牡丹花的整体画法可以按“米字法”画出开始的几片，然后在这个基础上确定花心，再围绕着花心添加花瓣就可以了（图 2-30、图 2-31）。

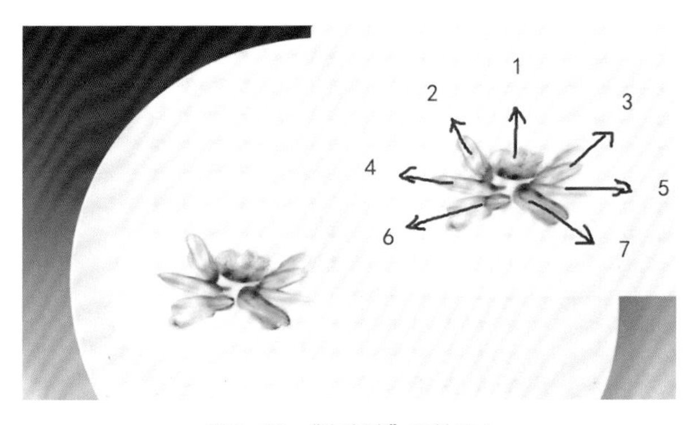

图2-30　“米字法”画牡丹1

图2-31　“米字法”画牡丹2

“文字法”画竹叶。竹叶的分布是有规律的，两个竹叶呈“人”字，三个竹叶呈“个”字，四个竹叶呈“介”字、“父”字，将这样的几个竹叶组合起来，就形成了千姿百态的竹叶（图 2-32）。

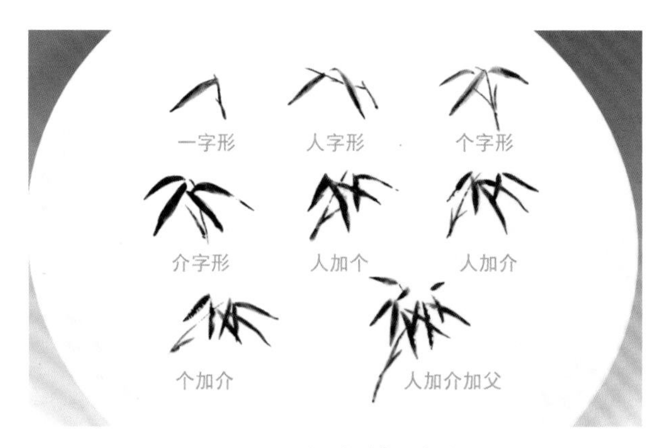

图2-32 “文字法”画竹叶

四、“几何法”简介

对于没有学过画画的人来说，想在盘子上准确画出禽鸟鱼虾等动物肯定有些困难，这时如果能运用“几何法”，对所画对象的外形结构进行分析，就会简单容易很多。

所谓“几何法”，就是将所画动物的外形拆分成几个简单的几何形状然后组合在一起的结果，例如我们可以把鸟的头部和身体看作是两个大小不一样的鸡蛋圆，不论鸟呈现何种姿态，头和身体这两个鸡蛋圆的人小和形状是不变的，而脖颈、嘴、翅膀、尾巴、腿、爪都是可动的（图 2-33、图 2-34）。

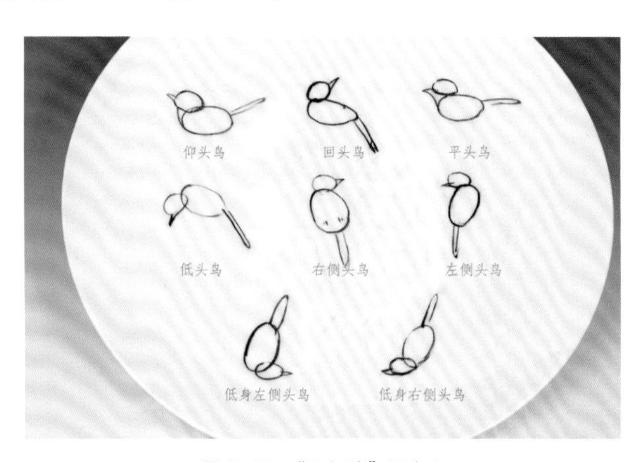

图2-33 “几何法”画鸟1

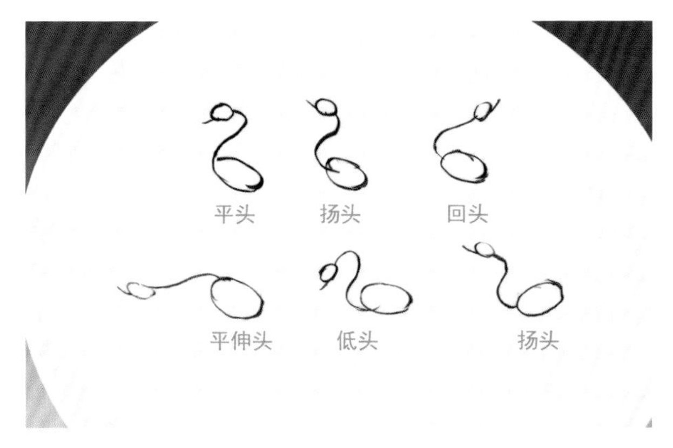

图2-34 “几何法”画鸟2

需要说明的是，“几何法”是训练造型能力的一种行之有效的方式，并不是说你在盘子上画画的时候一定要把几何形画出来，而是把这几何形装在心里，成竹在胸，这样画的时候就简单容易了。

意境果酱画实例

（一）简易果酱画

1 康乃馨

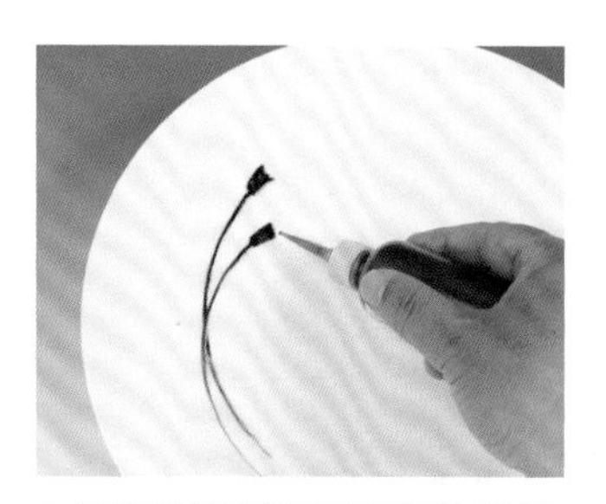

1. 用墨绿色果酱画出枝干和花托。

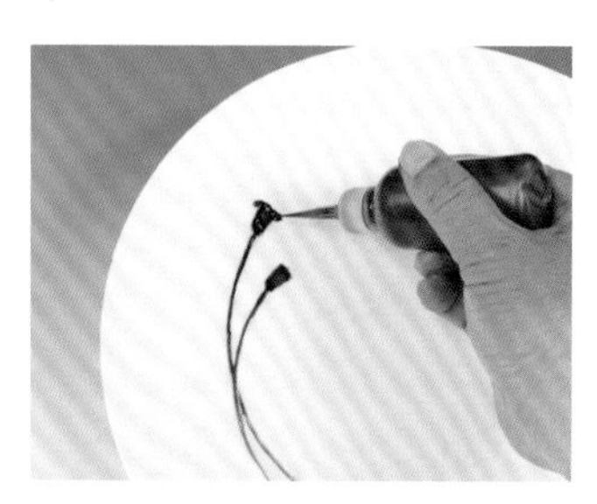

2. 用紫红色果酱画出花瓣根部。

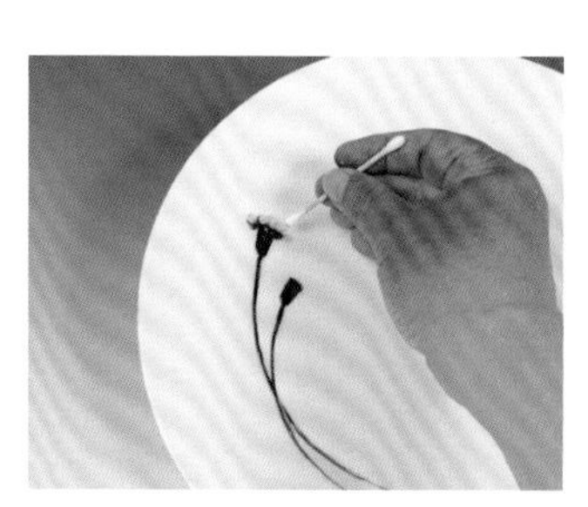

3. 用棉签向上擦出渐变色花瓣。

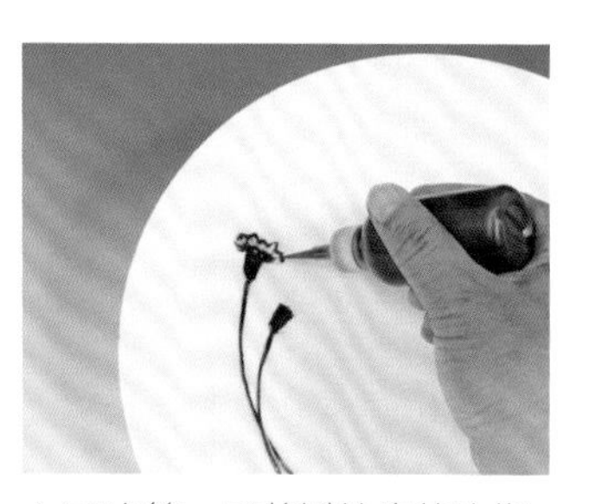

4. 画出第一层花瓣的齿状边缘。

5. 再用棉签擦出第二层花瓣。

6. 相同的方法画出另一朵花。

7. 擦出几片叶子。

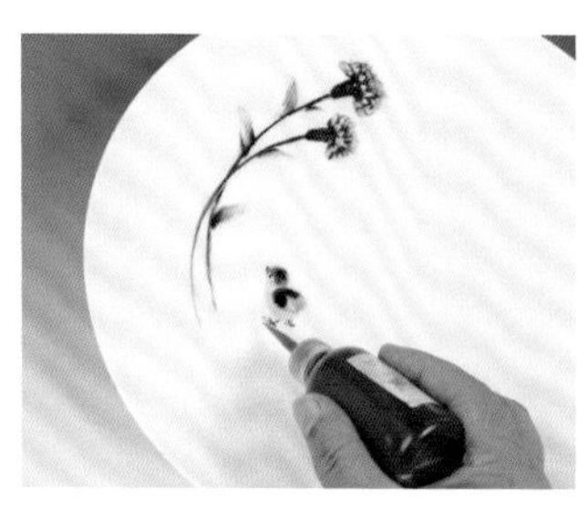

8. 用灰色、黑色果酱画出一只小鸡。

9. 再画两只小鸡，题诗“谁言寸草心，报得三春晖”。

2 绿叶水珠

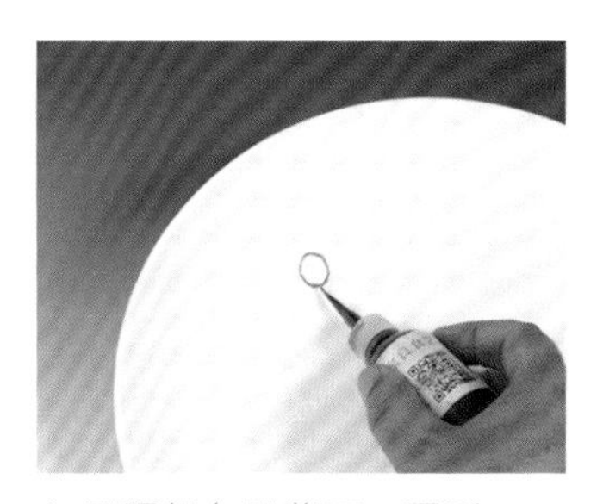

1. 用墨绿色果酱画一圆形。

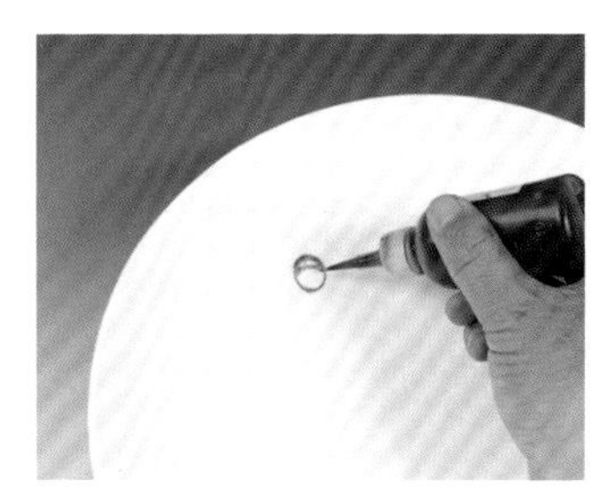

2. 用同样颜色果酱画出水滴上部的高光点。

3. 用薄厚法将高光点周围染重，再用绿色果酱画出水滴中部渐变色。

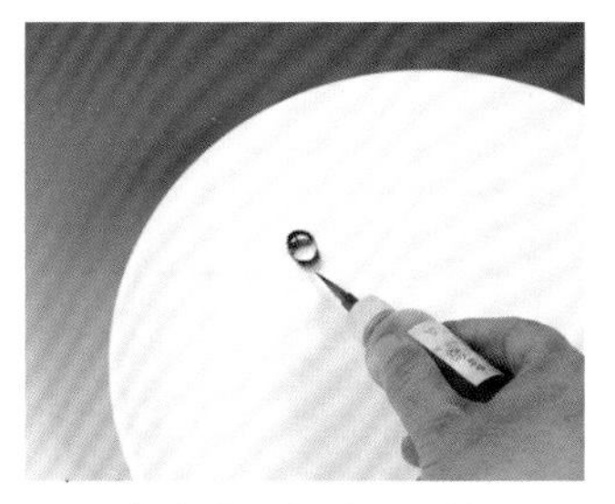

4. 画出水滴留在叶子上的阴影。

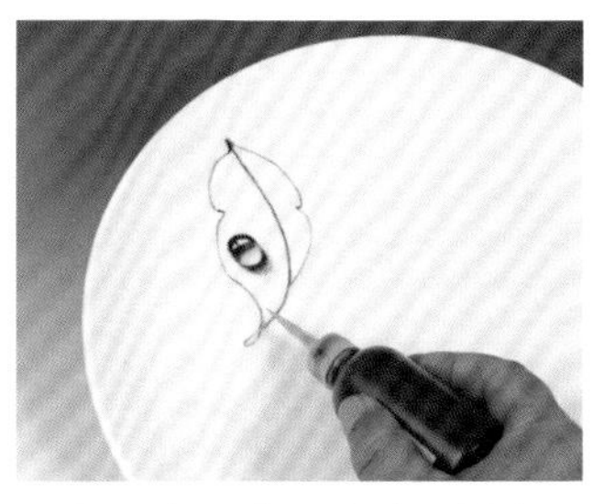

5. 换黑色果酱画出叶子轮廓。

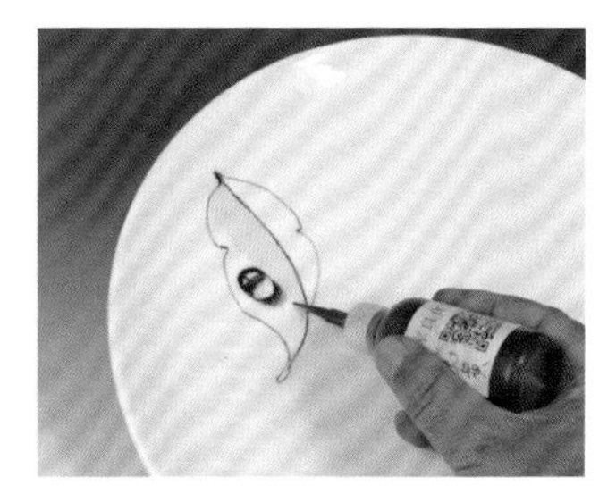

6. 用浅绿色果酱画出叶子中间部分。

7. 用墨绿色果酱画出叶子边缘部分，使过渡部分衔接自然。

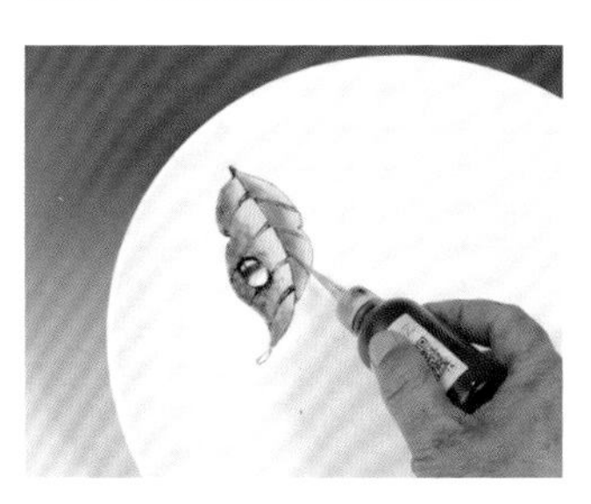

8. 用黑色果酱画出叶脉。

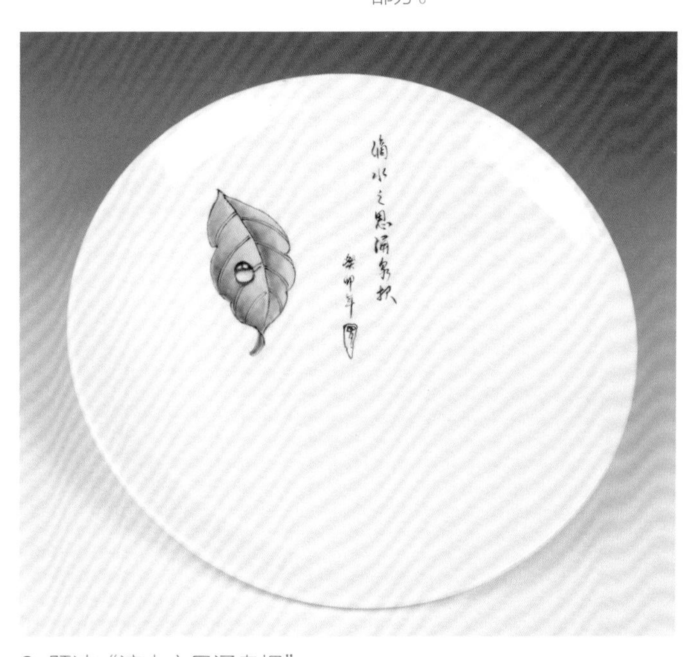

9. 题诗“滴水之恩涌泉报”。

3 蓝色雏菊

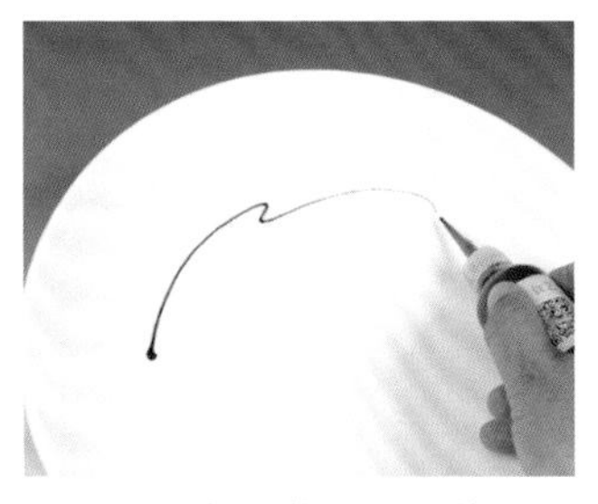

1. 用棕黑色果酱画一条线表示树枝。

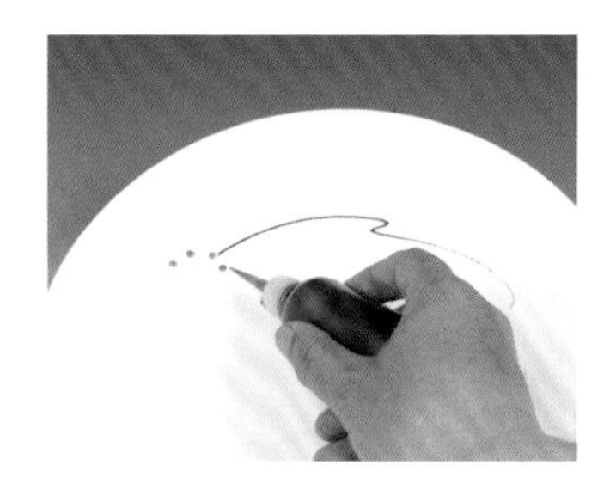

2. 挤四小滴蓝色果酱。

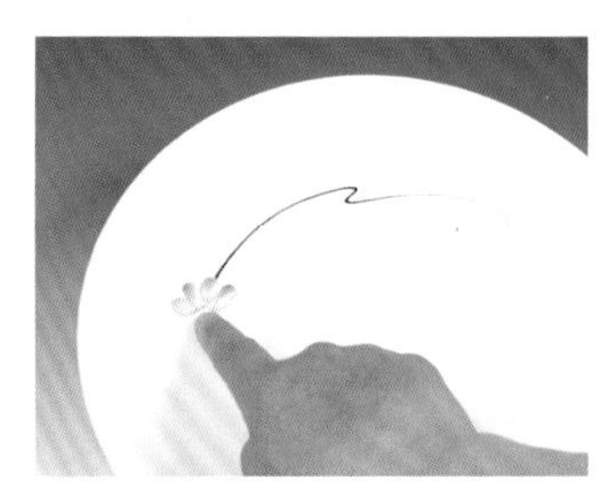

3. 用手指抹出花瓣。

4. 再挤一圈蓝色果酱（5～6滴）。

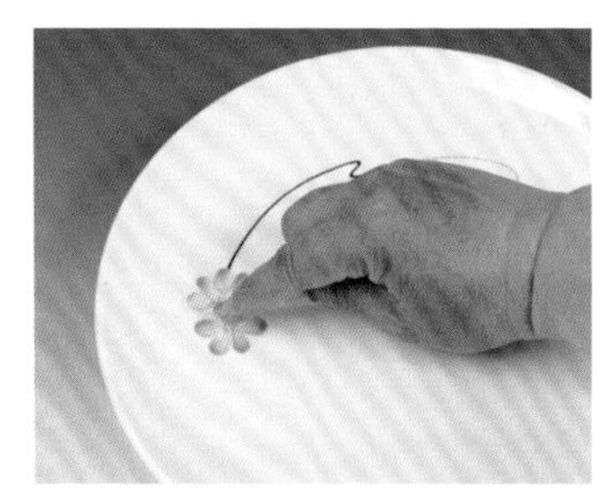

5. 抹出花瓣。

6. 再抹出一朵花。

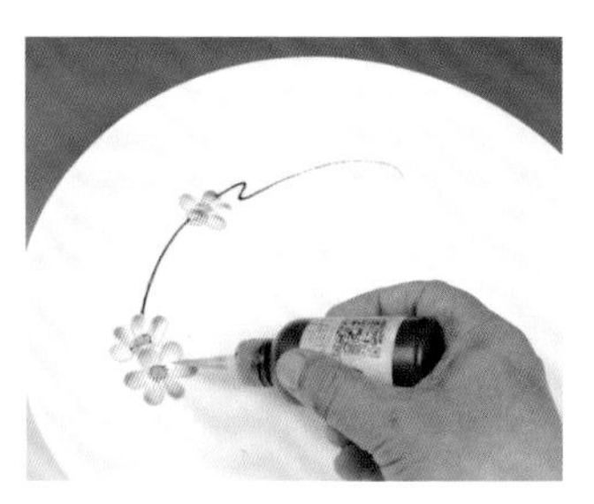

7. 用棉签将花心部分擦干净，用黄色、黑色果酱画出花心。

8. 画出棕色叶子和黑色叶脉。在树枝上挤 4 滴蓝色果酱，并用手指抹一下。

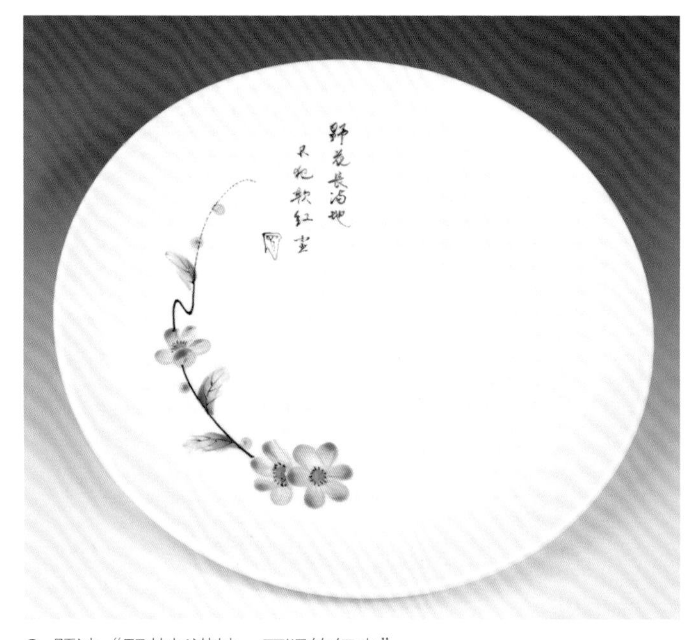

9. 题诗“野花长满地，不犯软红尘”。

4 玫瑰花

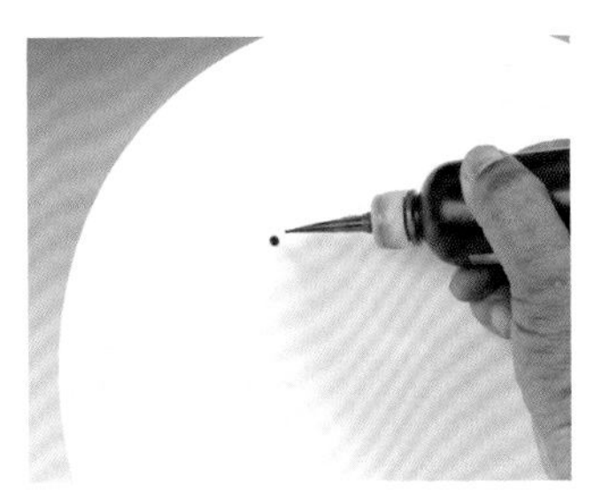

1. 挤一滴紫红色果酱在盘边。

2. 用手指抹出花心。

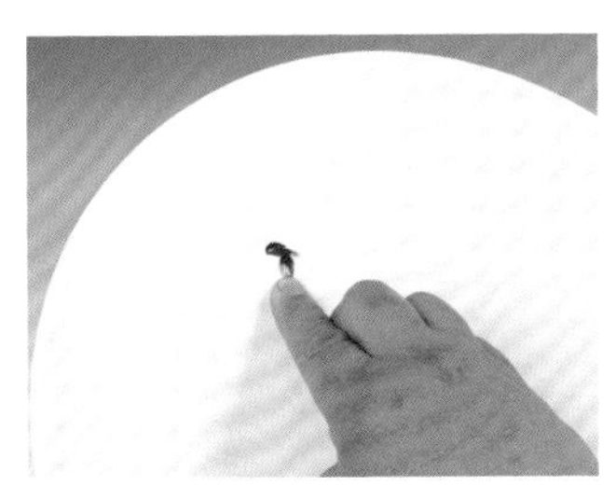

3. 同样方法抹出第二片花心。

4. 如此重复，抹出一朵玫瑰花。

5. 再抹出一朵玫瑰花。

6. 抹出一朵花瓣，用棉签擦出花蕾形状。

7. 用黑色果酱画出枝干，用墨绿色果酱画出花蕾的萼片。

8. 用墨绿色果酱抹出几片叶子。

9. 画出叶脉、刺和一只蝴蝶，题诗“含芳只待舍人来”。

5 人参

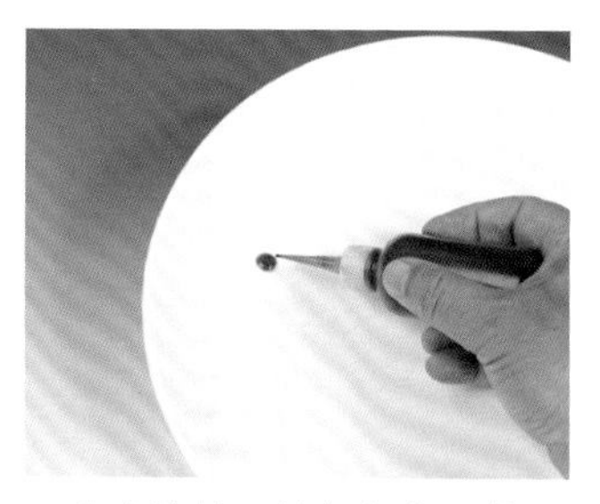

1. 在盘边挤一滴橘红色果酱。

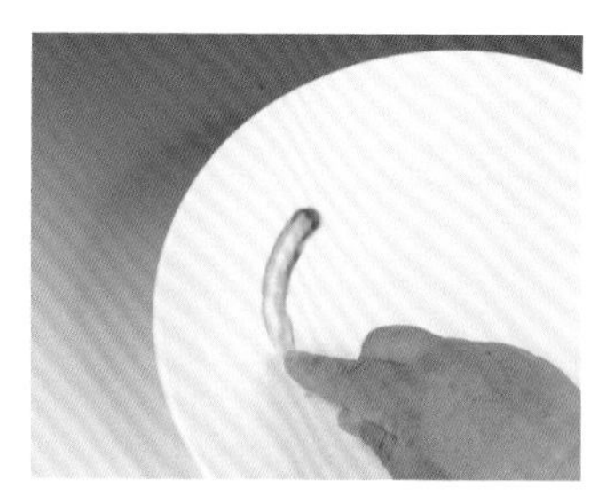

2. 用手指抹出人参。

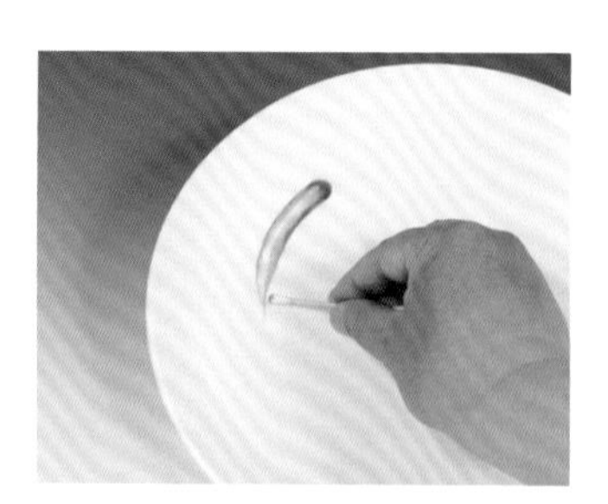

3. 用棉签将人参边缘擦光滑。

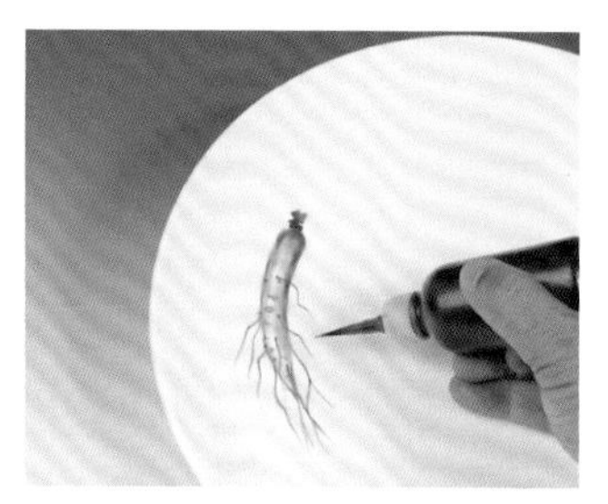

4. 画出芦头和根须。

5. 用黑色果酱画出茎。

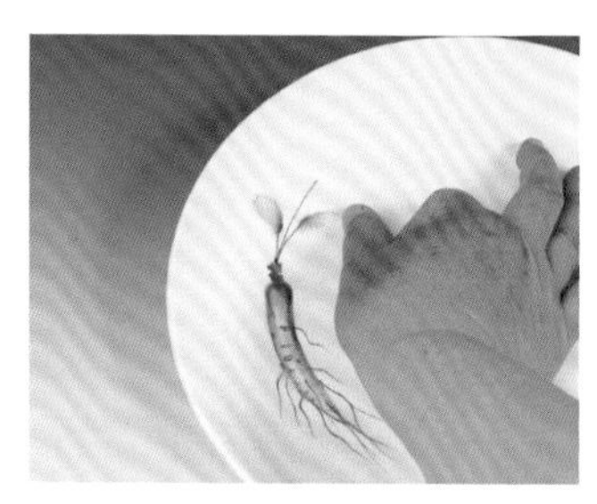

6. 用草绿色果酱抹出几片叶子。

7. 用黑色果酱画出叶脉。

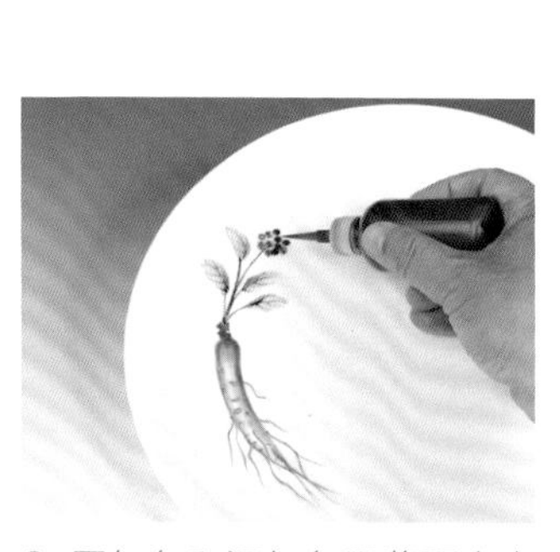

8. 用红色和深红色果酱画出人参果。

9. 题诗“碧叶翻风动，红根照眼明”。

6 粉色雏菊

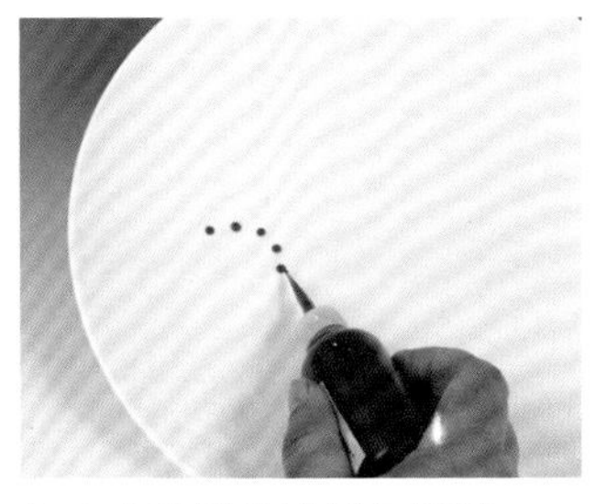

1. 在盘边挤几滴粉色果酱。

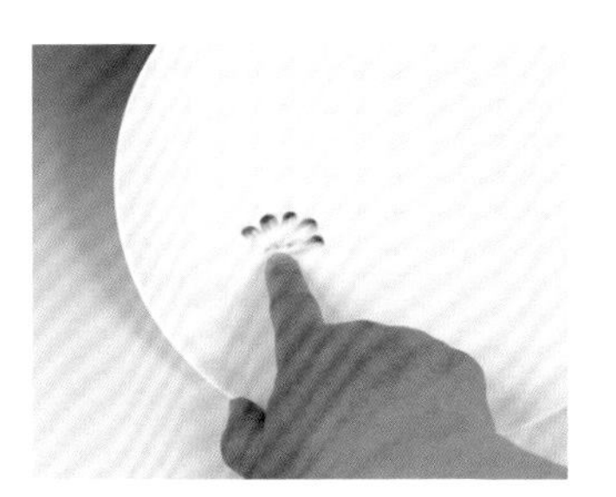

2. 用手指抹出花瓣。

3. 再挤出一圈果酱。

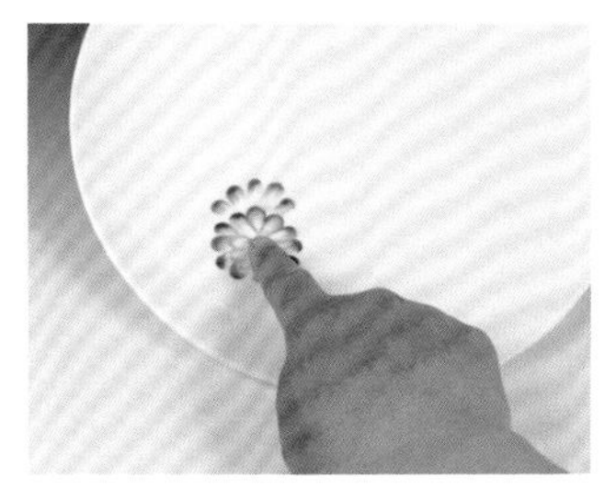

4. 向中间抹出花瓣。

5. 用黄色、黑色果酱画出花心。

6. 再画出一朵花，用棕黑色果酱画出花枝。

7. 画出花蕾，题诗“野花常捧露，山叶自吟风”。

7 野花一枝迎人笑

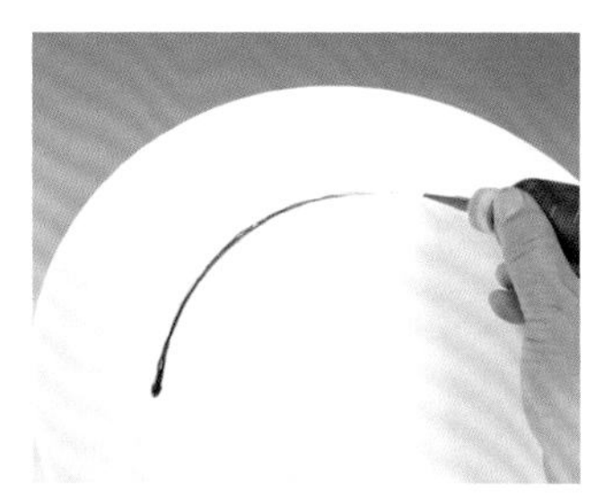

1. 用黑色果酱画出枝条。

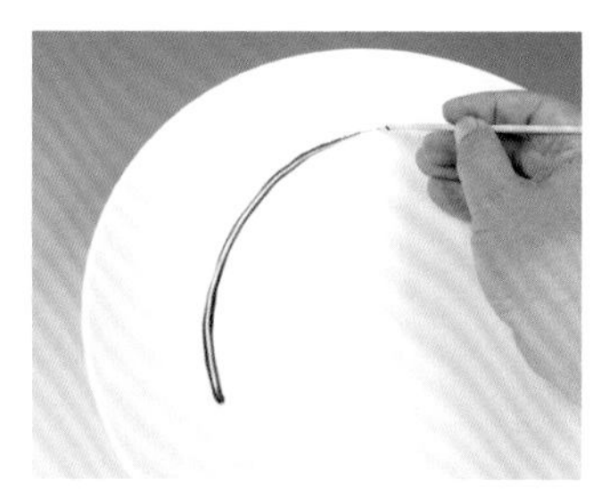

2. 用棉签杆擦出枯干的效果。

3. 再擦出几个枝杈。

4. 用红色果酱点出几组花瓣。

5. 用手指抹出花瓣。

6. 用黄色果酱画出花心。

7. 再用黑色果酱画出花蕊。

8. 再画出些花蕾。

9. 题诗“迎人野花笑，绝色若为容”。

8 麦穗

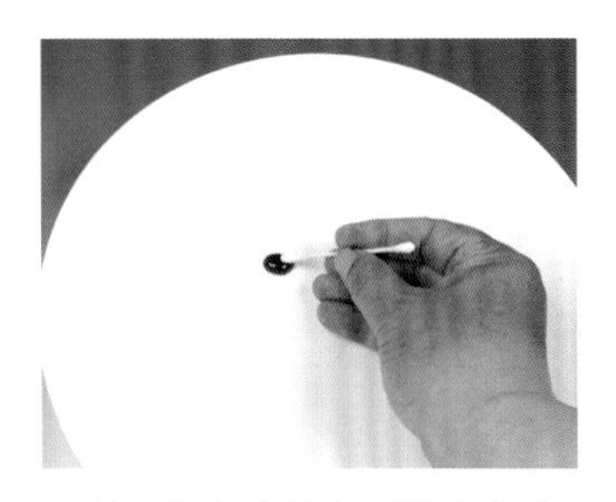

1. 挤一些虎皮黄色果酱在盘中，然后用棉签蘸一点果酱。

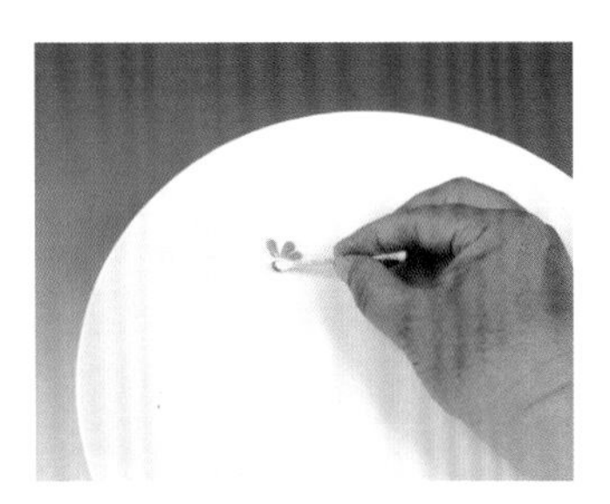

2. 在盘边画出麦粒，注意是蘸一下画一粒。

3. 画出麦穗。

4. 用黑色果酱画出麦秆、麦芒。

5. 用草绿色果酱画出麦叶。

6. 用手指或棉签擦一下麦叶。

7. 题诗“夜来南风起，小麦覆陇黄”。

9 松花蛋

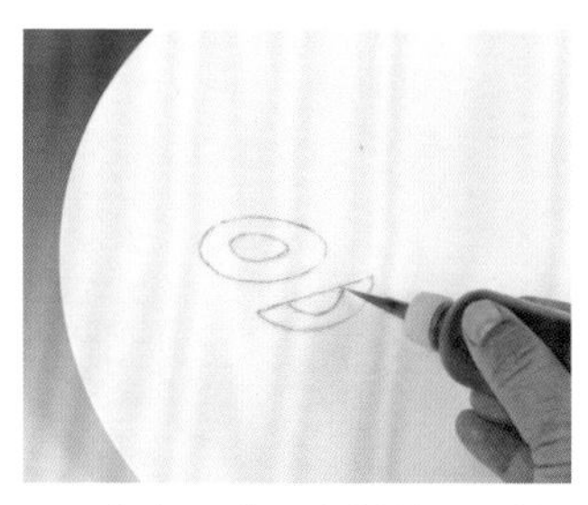

1. 用灰色果酱画出松花蛋形状。

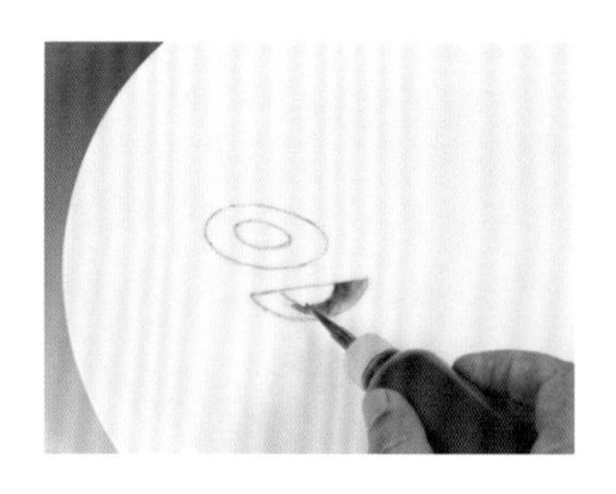

2. 用橙色果酱画出蛋清。

3. 用黑色果酱画出蛋清的另一端。

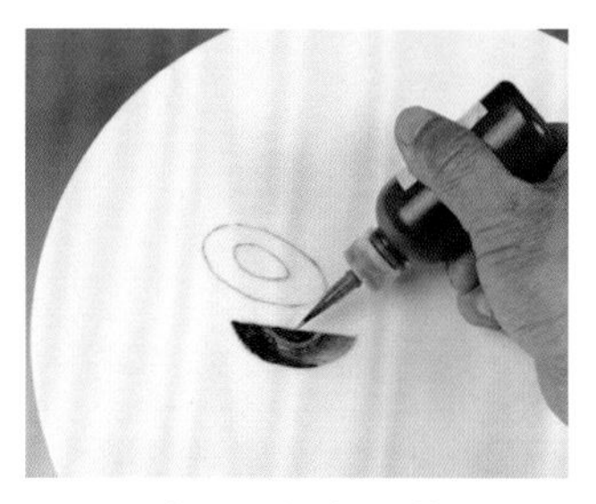

4. 用黑色和墨绿色果酱画出蛋黄部分。

5. 同样方法画出另外的半个松花蛋。

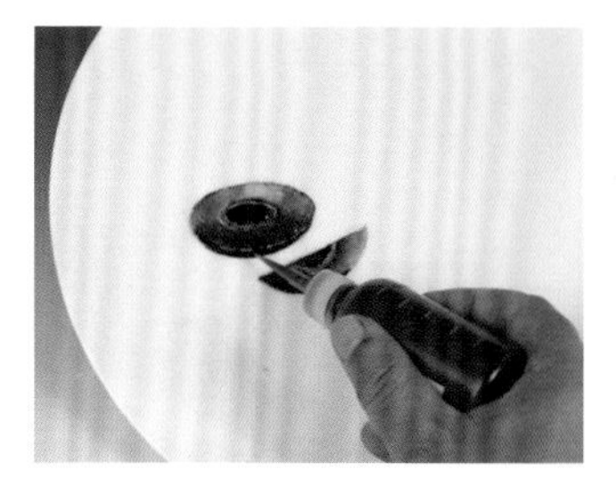

6. 用黑色果酱画出松花蛋的底部。

7. 用橙色和灰色果酱画出影子。

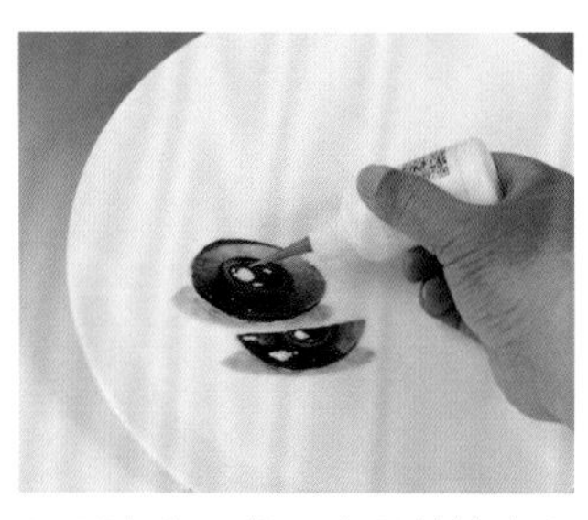

8. 用白色果酱画出蛋黄的高光部分。

9. 题诗“端午临中夏，时清日复长”。

10 海豚

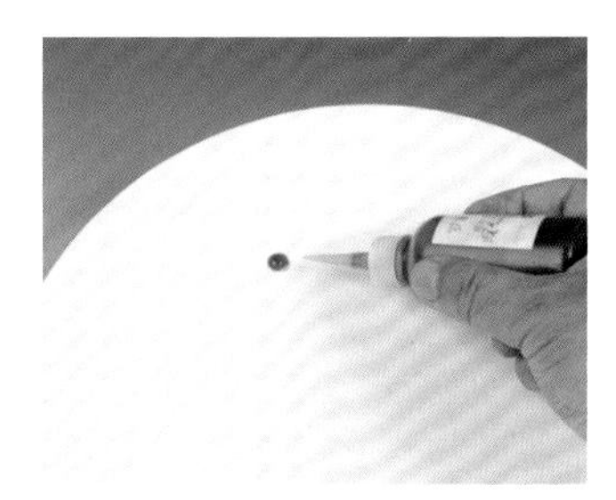

1. 在盘边挤一滴蓝色果酱。

2. 用手指抹出海豚身体。

3. 同样方法再抹出一只海豚。

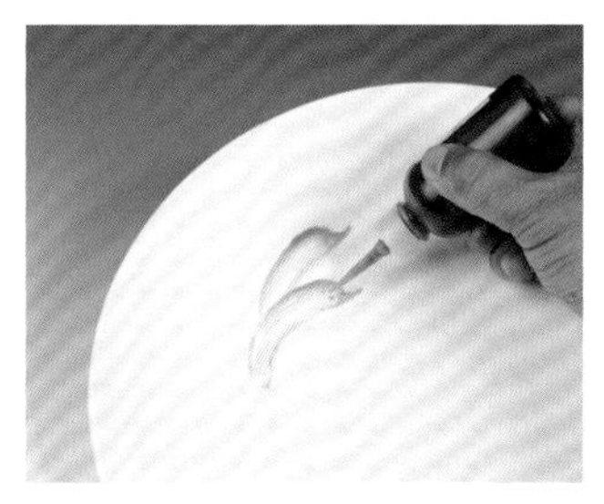

4. 画出海豚的嘴和眼睛。

5. 画出背鳍、胸鳍。

6. 用灰色果酱抹出几朵浪花。

7. 题诗“任海天寥阔，飞跃此身中”。

11 海蜇

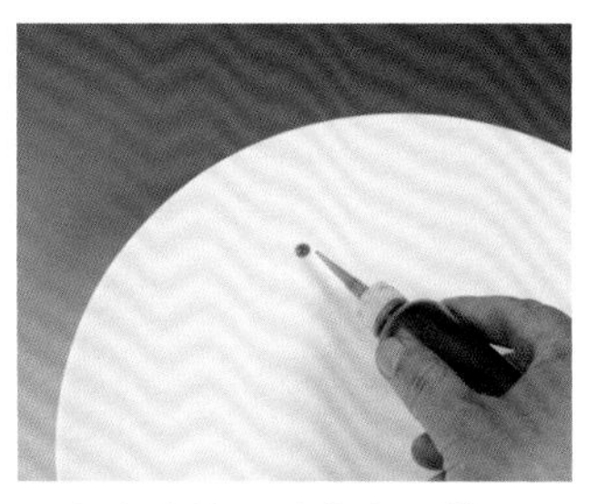

1. 在盘边挤一滴蓝色果酱。

2. 用手指抹出海蜇的外伞。

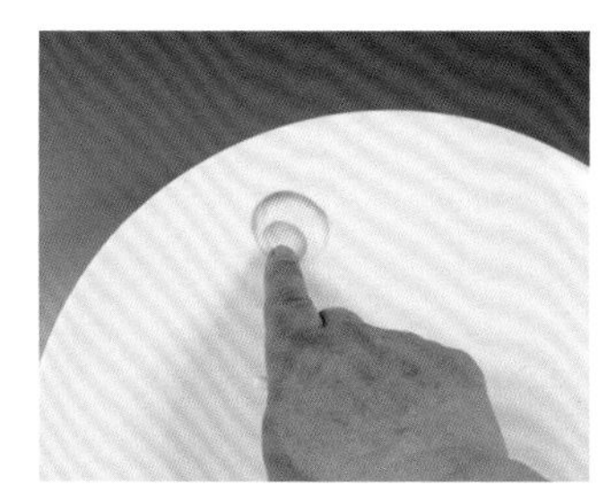

3. 再挤一滴果酱，抹出海蜇的内伞。

4. 画出海蜇的触须。

5. 用棉签擦一下触须，使之更顺滑。

6. 再抹出一只海蜇的伞体。

7. 画出触须。

8. 用棉签杆将触须擦一下。

9. 题字“上善若水”。

12 蝴蝶

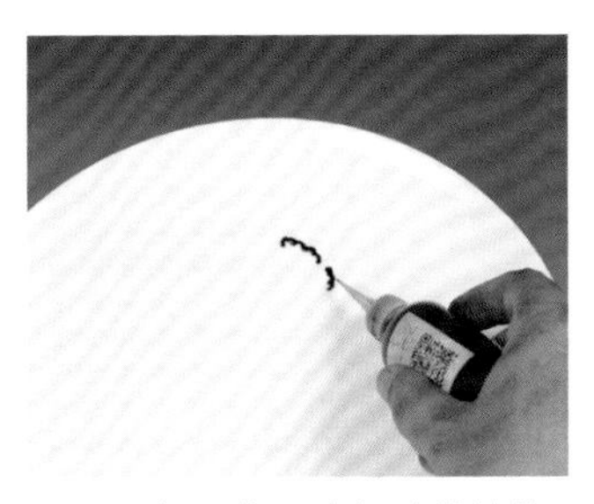

1. 用黑色果酱画出翅膀的边缘。

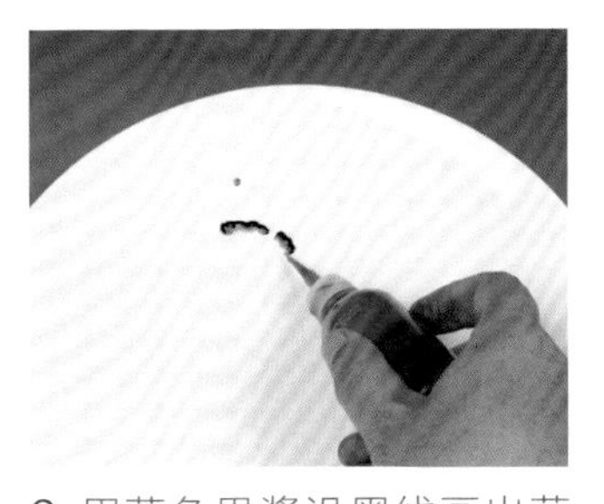

2. 用蓝色果酱沿黑线画出蓝色线。

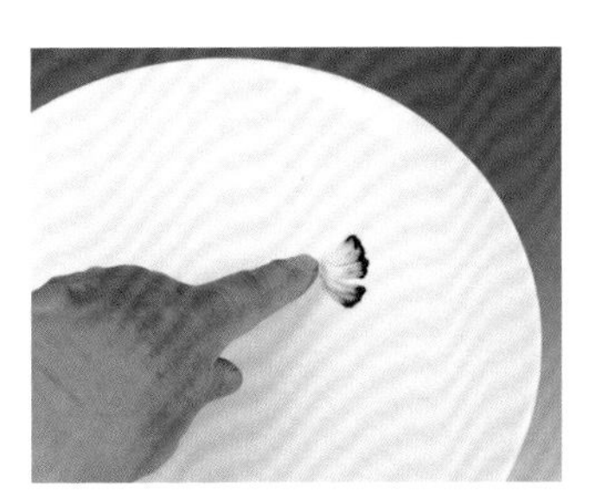

3. 用手指抹出蝴蝶翅膀。

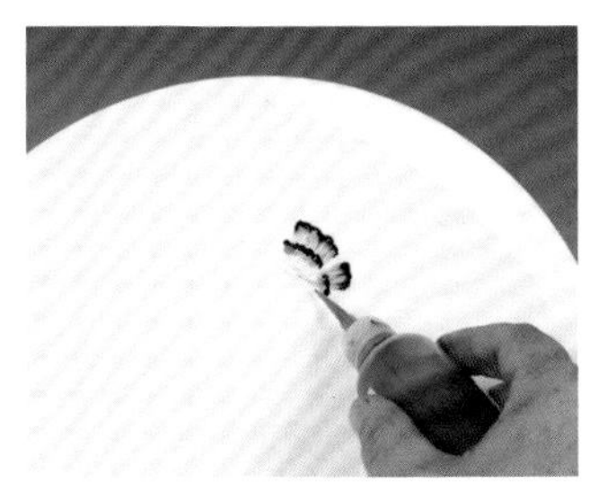

4. 再画出一段黑蓝线。

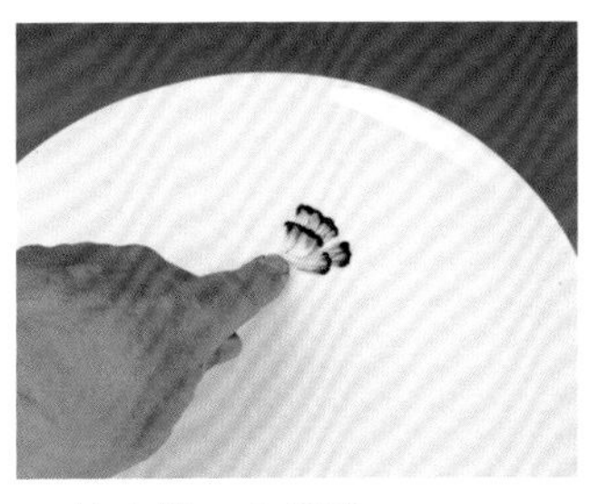

5. 抹出另一个翅膀。

6. 画出一只黄黑色的蝴蝶翅膀。

7. 用黑色果酱和黄色果酱画出身体、触角。

8. 用透明果酱画出翅膀边缘的斑点。

9. 再画一只紫色蝴蝶，题诗“寻芳不觉醉流霞”。

13 中国结

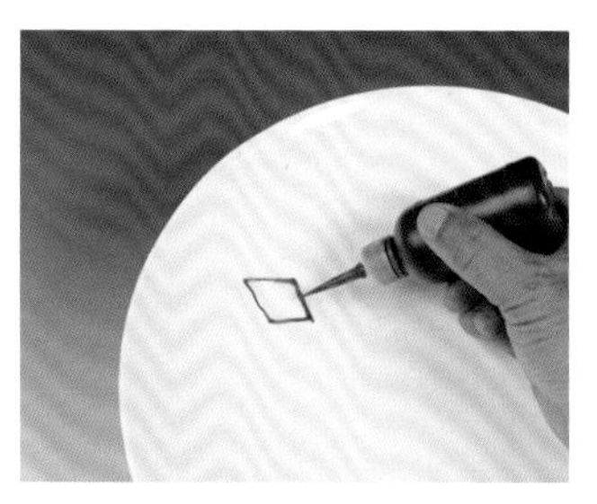

1. 用红色果酱画出一个菱形。

2. 将菱形涂满。

3. 用紫红色果酱画在菱形的下半部，匀匀呈渐变效果。

4. 用红色果酱画出两边的环。

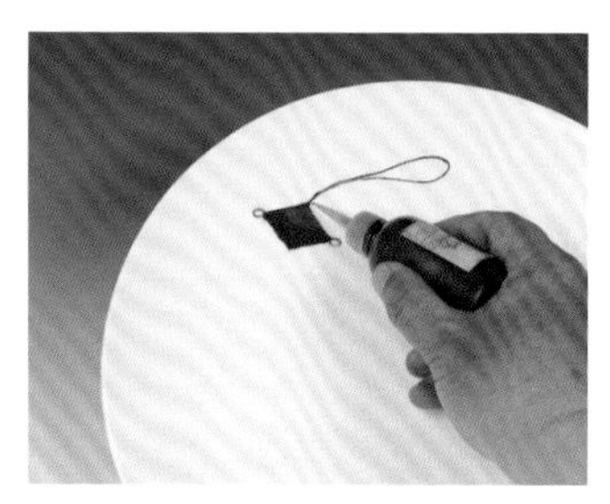

5. 用紫红色果酱画出上面的扣。

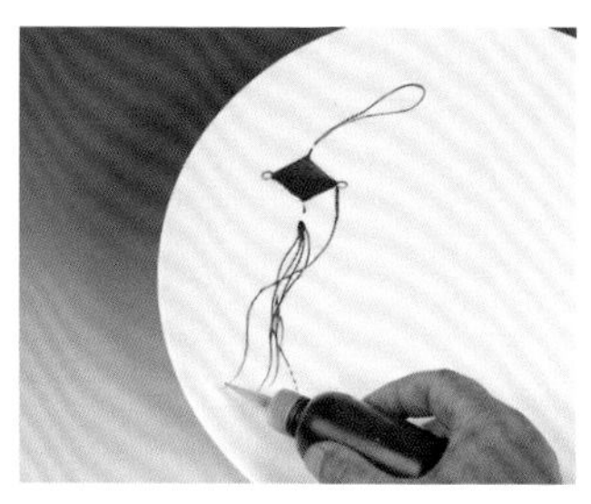

6. 再用紫红色果酱画出下面的穗。

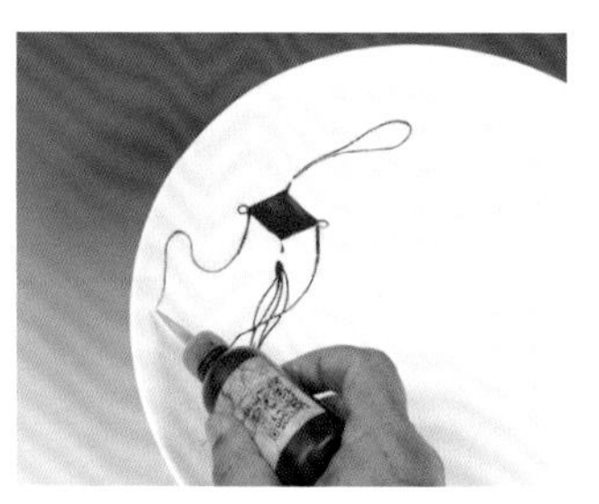

7. 再画出一个更弯曲的穗。

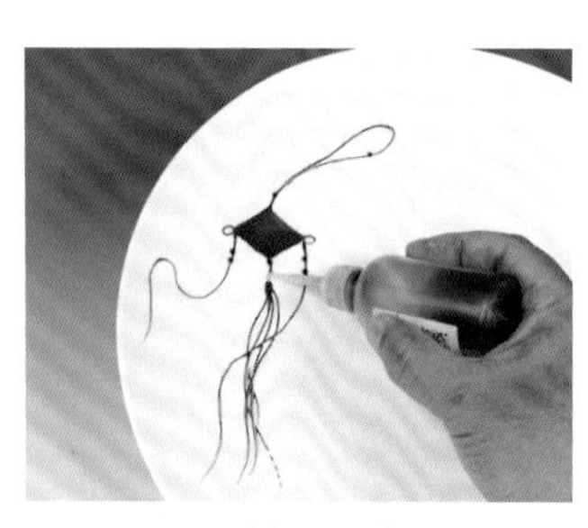

8. 用黑色、蓝色果酱画出几颗珠子。

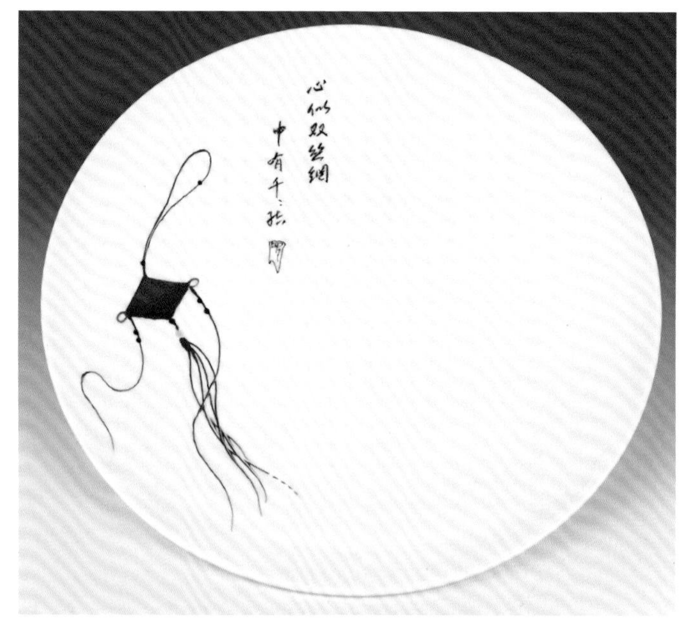

9. 题诗“心似双丝网，中有千千结”。

14 灯笼

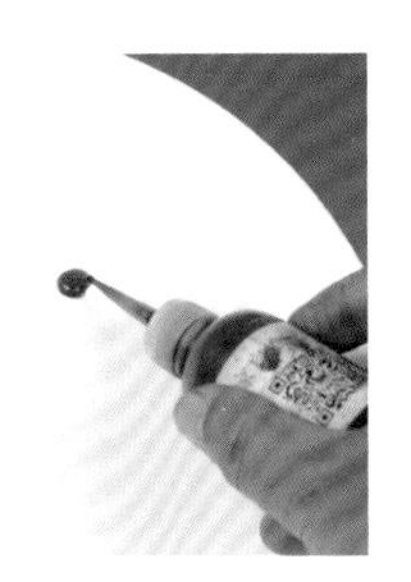

1. 挤一滴橙红色果酱。

2. 用手指抹出灯笼形状。

3. 再画出一段圆弧。

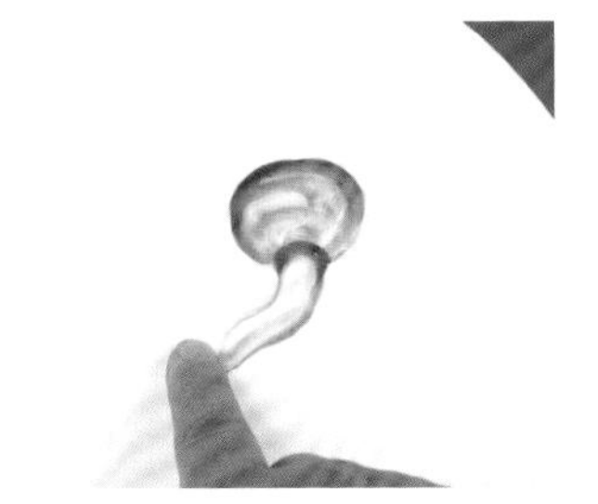

4. 用手指抹出飘穗。

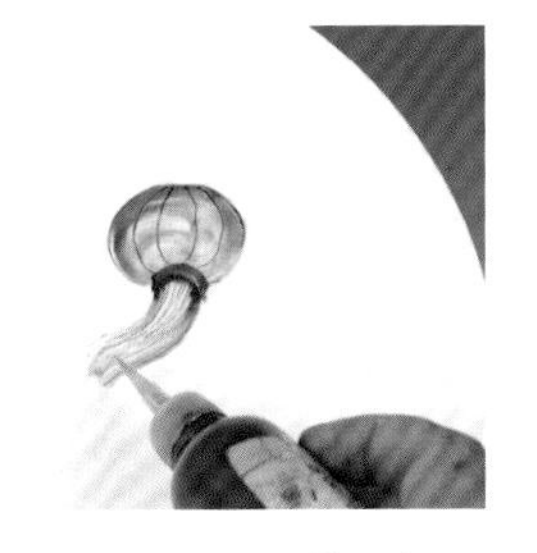

5. 用黑色果酱画出灯笼骨架和飘穗。

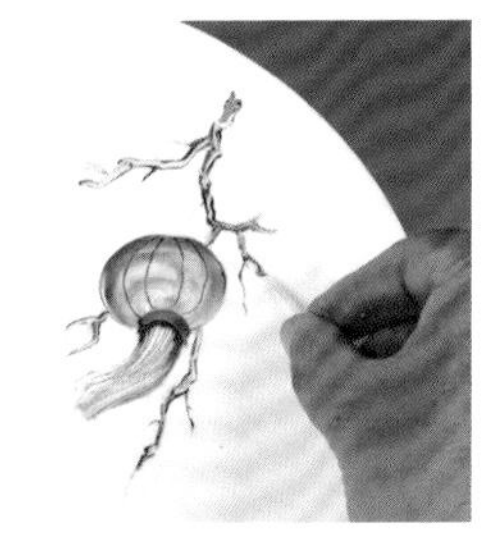

6. 用黑色果酱画出树枝，再用棉签杆擦一下。

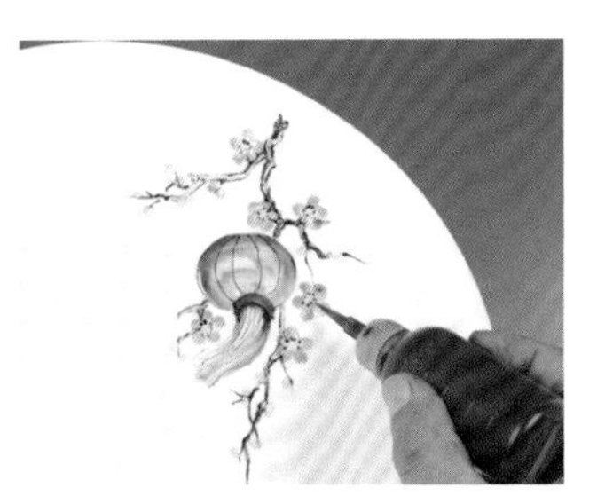

7. 画出几朵蓝梅花。

8. 画出橙红色的带子。

9. 也可只画四朵蓝梅花。题诗“十万人家火烛光，门门开处见红妆”。

15 糖葫芦

1. 用红色果酱画出一个山楂果，留出高光。

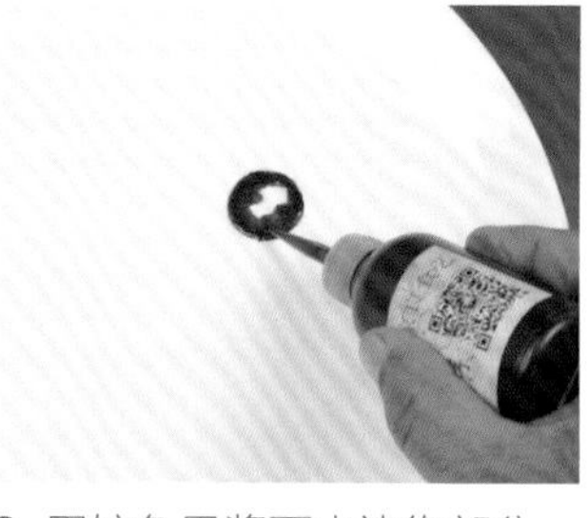

2. 用棕色果酱画出边缘部分。

3. 画出四个山楂果。

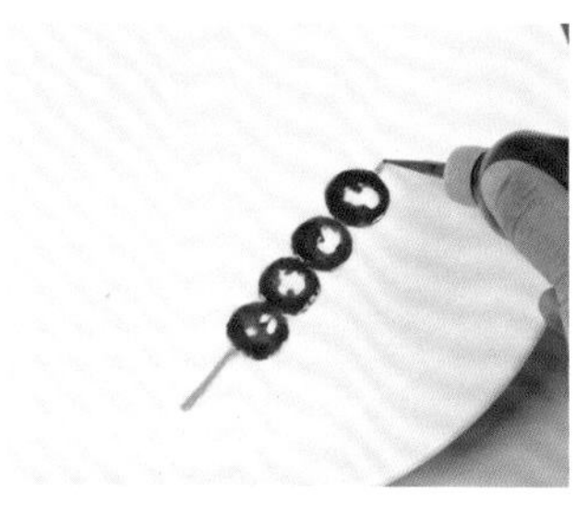

4. 用虎皮黄色果酱画出竹签。

5. 用棕色和粉色果酱画出高光中间的部分。

6. 用白色果酱画出果实上的斑点。

7. 用虎皮黄色果酱画出挂在表面的糖。

8. 撒上一点熟芝麻。

9. 题字“知足者仙境”。

16 红辣椒

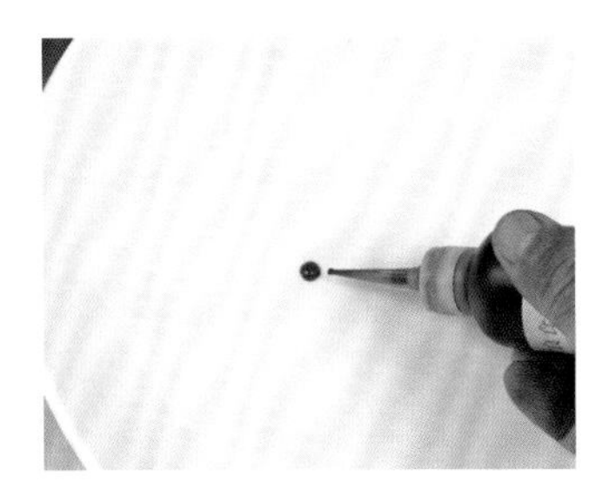

1. 挤一滴红色果酱。

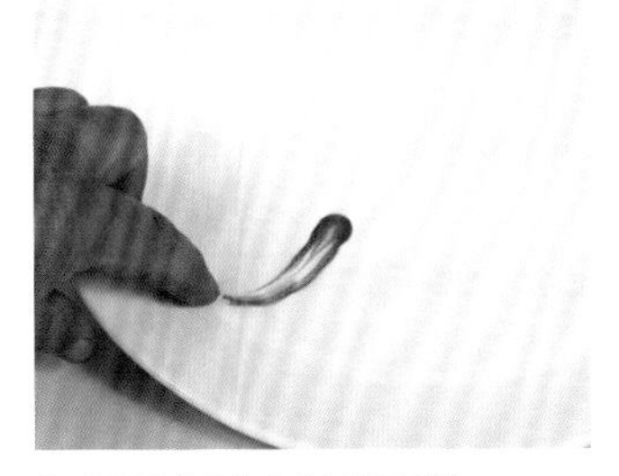

2. 用手指抹出辣椒形状。

3. 再挤一滴红色果酱。

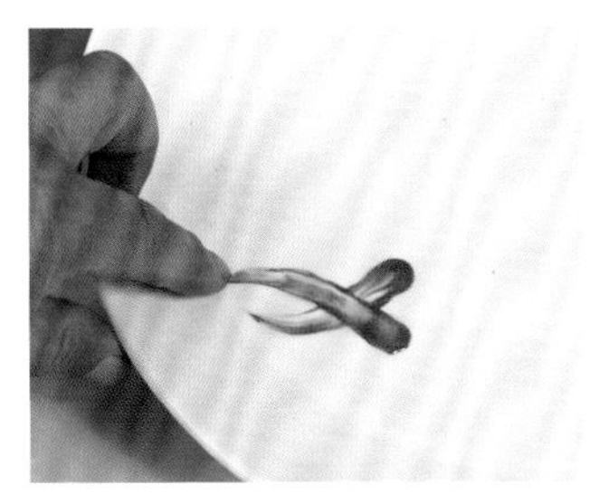

4. 再抹出一个辣椒。

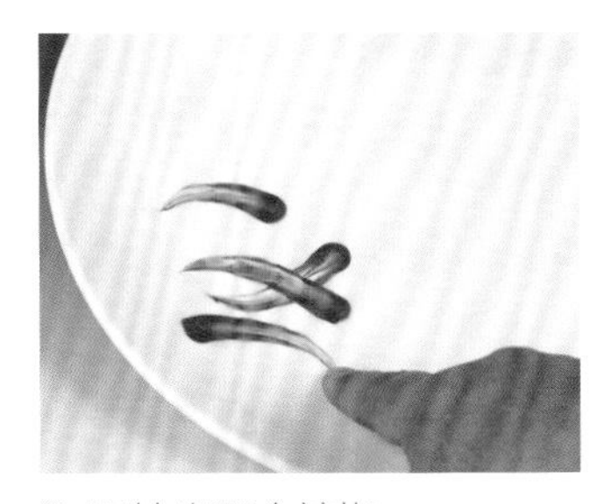

5. 再抹出两个辣椒。

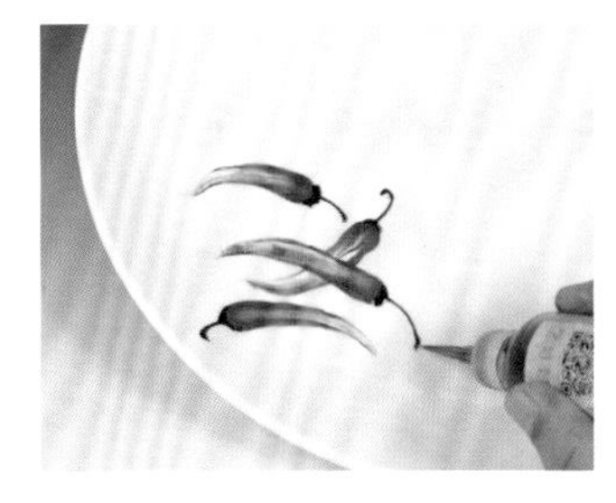

6. 用黑色果酱画蒂、柄。

7. 题诗“人生百味用心尝，万事皆缘随遇安”。

17 枯荷

1. 用棕黑色果酱画出莲蓬。

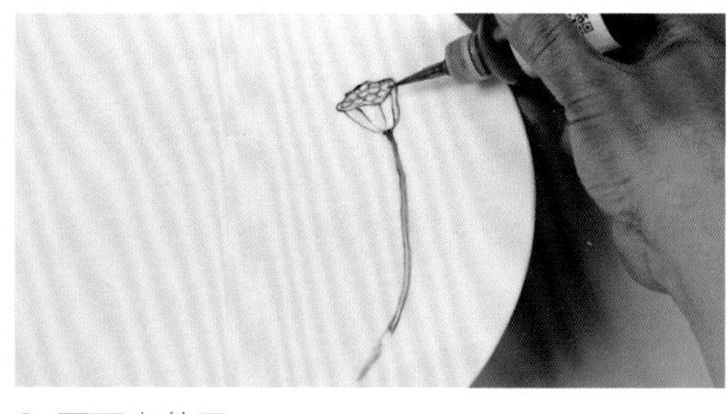

2. 再画出莲子。

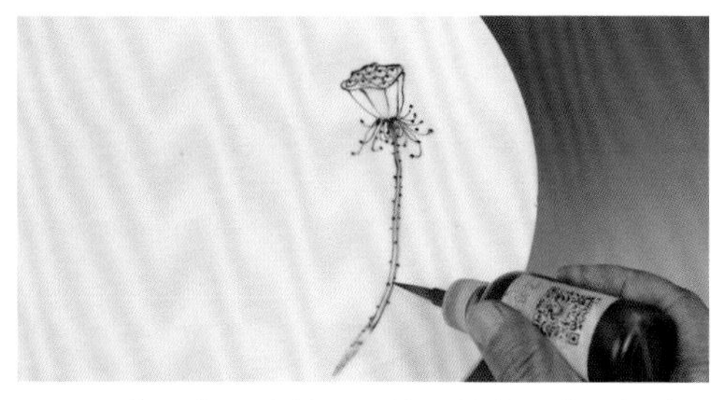

3. 用黑色果酱画出花丝、茎上的刺和莲子的尖。

4. 同样方法再画出一个莲蓬。

5. 题诗“也曾遮月宿鸳鸯”。

18 莲藕

1. 挤一滴棕色果酱。

2. 抹出一节藕。

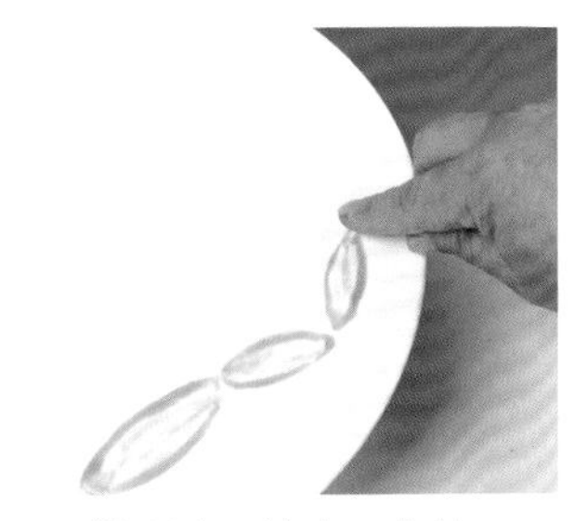

3. 同样方法再抹出两节藕。

4. 用棕色果酱画出嫩根。

5. 再用黑色果酱画出根须和藕尖。

6. 再用棕色果酱和黑色果酱画出一片嫩叶。

7. 题诗“红藕香残玉簟秋”。

19 梦幻蝴蝶

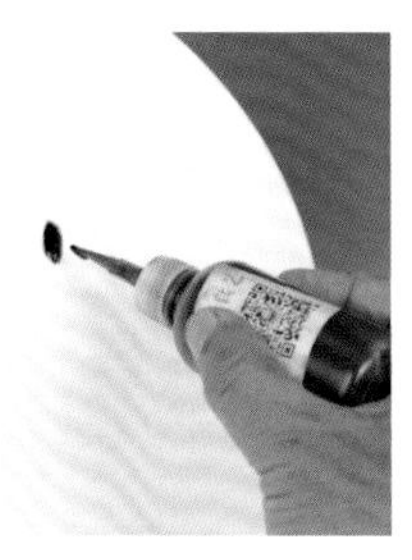

1. 在盘边挤一大滴蓝色果酱。

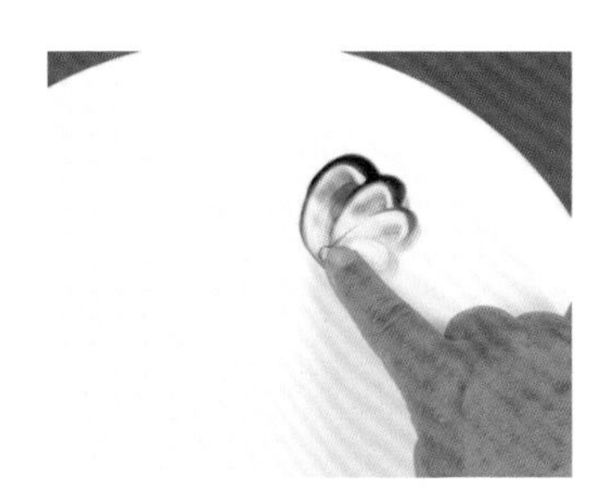

2. 用手指抹出螺旋状翅膀。

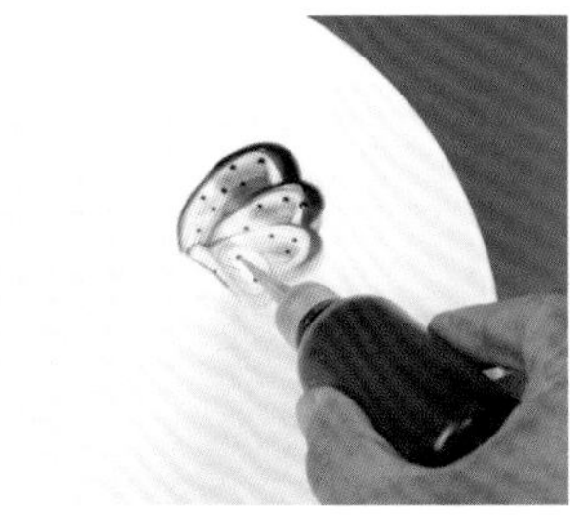

3. 在翅膀上用黑色果酱画出黑色斑点。

4. 用黑色果酱画出黑色的身体。

5. 再用黑色果酱画出须、尾和足。

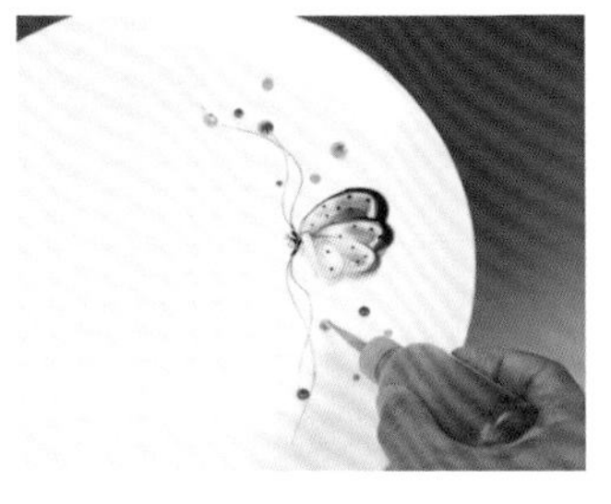

6. 用橙色果酱画出身体上的斑节，再用粉色、橙色果酱画出飘舞的花瓣。

7. 题诗“桃花半梦蝶来时”。

20 芦苇花

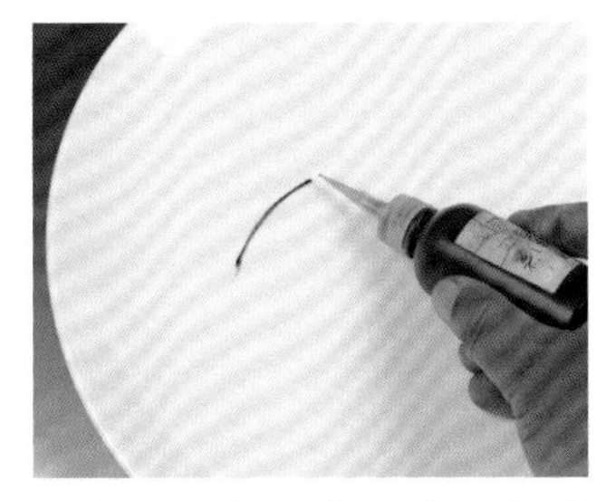

1. 先用黑色果酱画出一条黑色线。

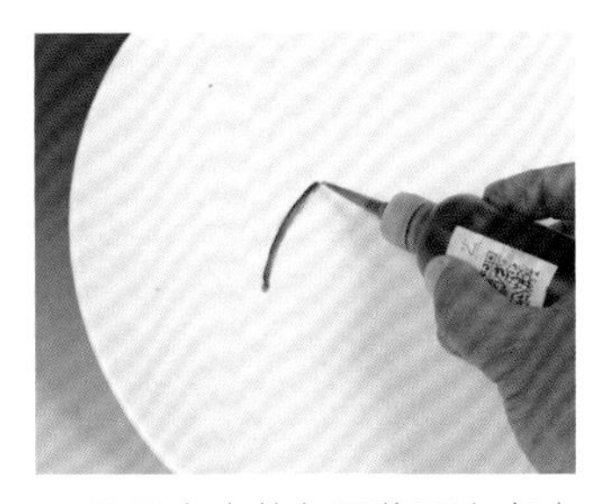

2. 再用虎皮黄色果酱画出虎皮黄色线。

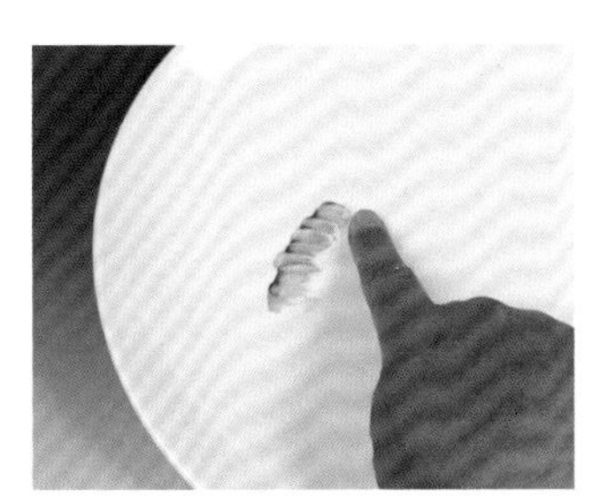

3. 用手指向右抹出芦苇花。

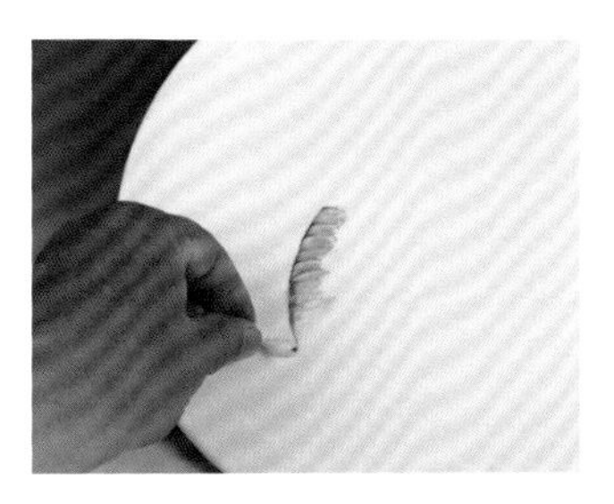

4. 用棉签将左边边缘擦顺滑。

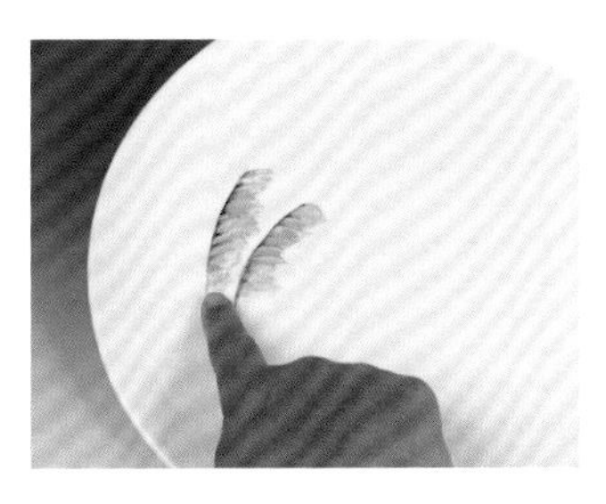

5. 再画出一个芦苇花。

6. 用黑色果酱画出芦苇杆。

7. 用草绿色果酱画出几片芦苇叶。

8. 用棉签杆将芦苇叶擦一下。

9. 题诗“听风八百遍，才知是人间”。

（二）果蔬花卉类

21 西瓜

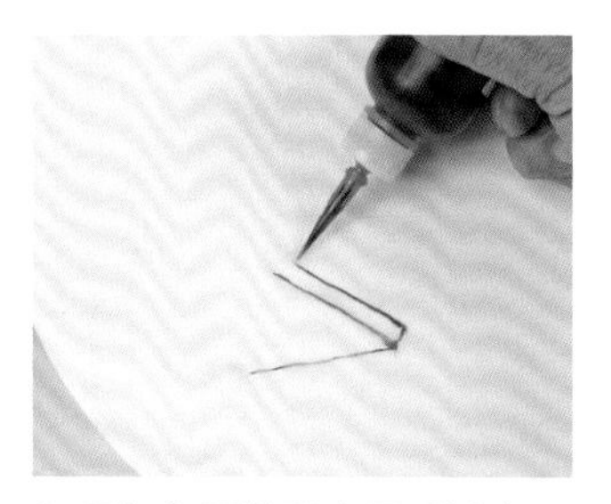

1. 用红色果酱画出西瓜轮廓。

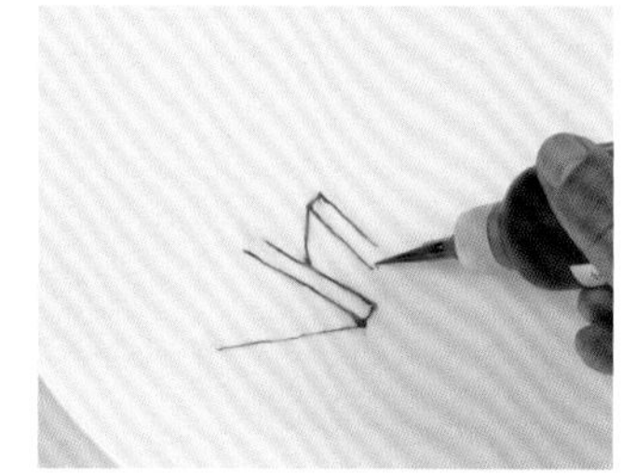

2. 画出另一块西瓜轮廓。

3. 用浅绿色果酱画出瓜皮。

4. 再用黑色果酱画瓜皮的表面。

5. 用红色果酱画出瓜瓤。

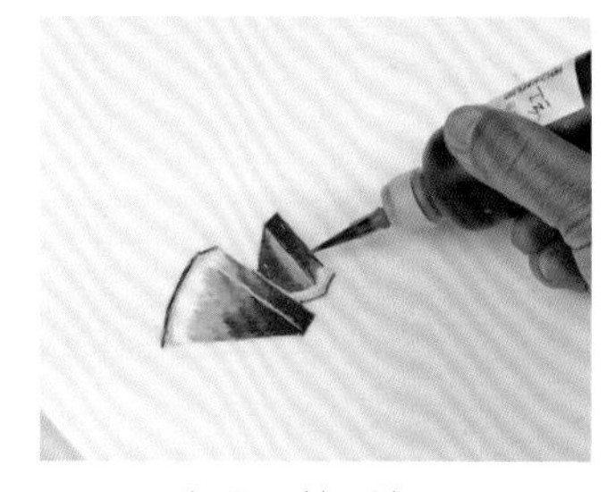

6. 再画出另一块瓜瓤。

7. 用黑色果酱画几粒瓜子。

8. 用浅灰色果酱画出阴影。

9. 题诗“沉李浮瓜冰雪凉”。

22 采菊东篱下

1. 用橘黄色果酱画出一朵菊花。

2. 再画两朵菊花。

3. 用墨绿色果酱画出花枝。

4. 再画两朵半开的菊花。

5. 用红色果酱和黑色果酱画出花心。

6. 用墨绿色果酱画出几段粗线条。

7. 用手指抹出叶子。

8. 用黑色果酱画出叶脉。

9. 题诗“采菊东篱下”。

23 葫芦

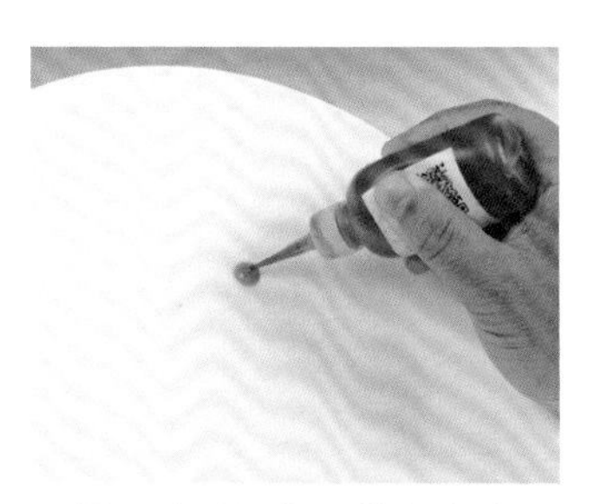

1. 挤一大滴橙色果酱在盘边。

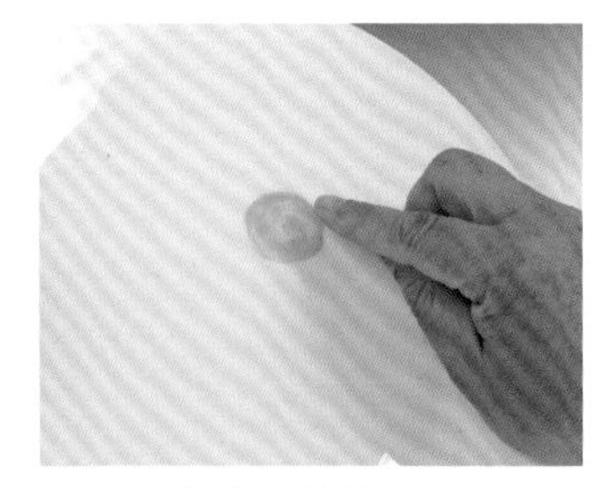

2. 用手指抹出葫芦。

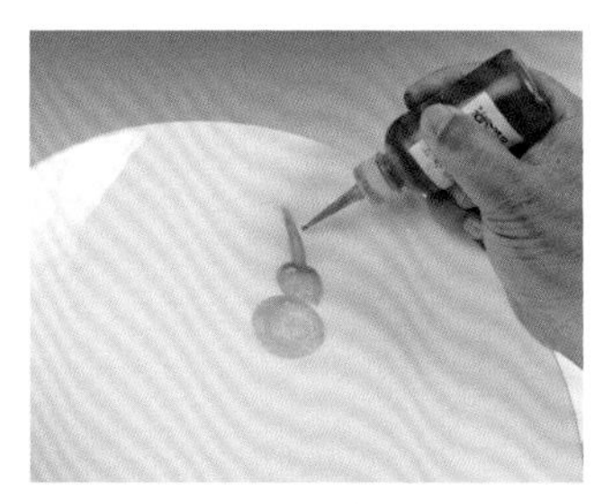

3. 同样方法抹出葫芦的另一球体，画出葫芦柄。

4. 用墨绿色果酱画出几片叶子。

5. 用棕黑色果酱画枝条。

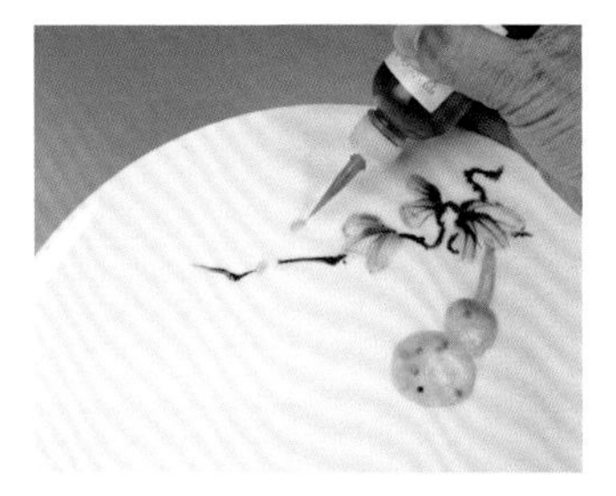

6. 用蓝色果酱画出两个小鸟的头。

7. 用黄色、蓝色果酱画出小鸟的身体。

8. 用黑色果酱画出小鸟的嘴、眼、翅膀和尾。

9. 题字“难得糊涂”。

24 葡萄

1. 用紫色、透明色果酱，运用分染法和薄厚法画出几粒葡萄，留出高光点。

2. 再画出几粒葡萄。

3. 右上角画出几粒葡萄。

4. 用深紫色果酱画出几粒挡在后面的葡萄。

5. 用黑色果酱画出果蒂。

6. 用草绿色果酱画出茎。

7. 用灰色果酱画出葡萄藤。用草绿色果酱抹出几片叶子。

8. 用棕黑色果酱画出叶脉。

9. 题字“紫气东来”。

25 鸡冠花

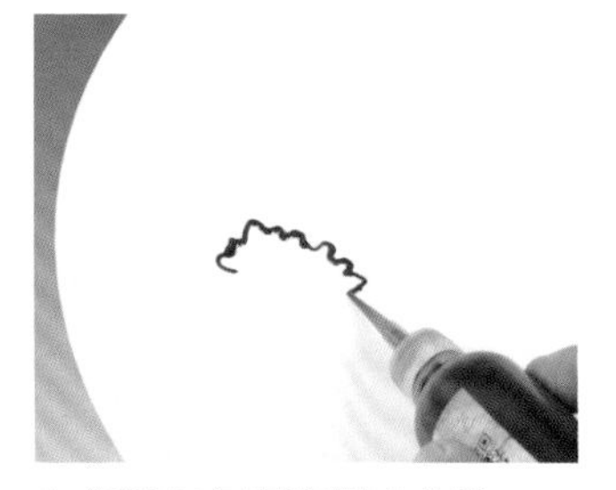

1. 用紫红色果酱画出曲线。

2. 用手指抹出鸡冠花瓣。

3. 用粉色果酱画出花柄。

4. 再画出一朵花。

5. 用黑色果酱画出花柄上的绒毛。

6. 抹出一片浅绿色叶子和一片棕绿色叶子。

7. 再抹出两片棕绿色叶子。

8. 用黑色果酱画出叶脉。

9. 题诗“一枝浓艳对秋光”。

26 牵牛花

1. 用紫红色果酱画一段弧线。

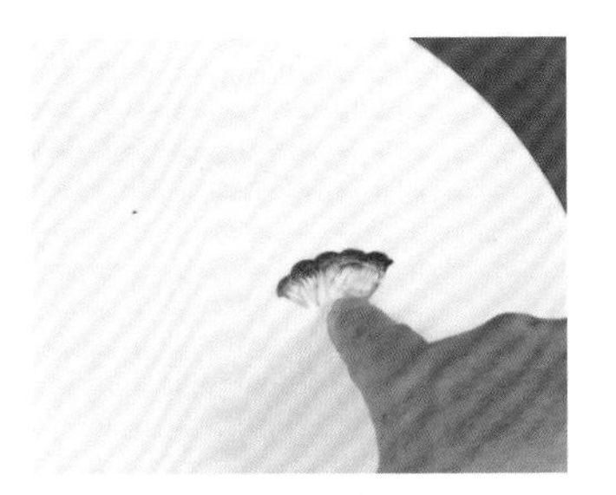

2. 用手指抹出花瓣。

3. 画出花的下半周。

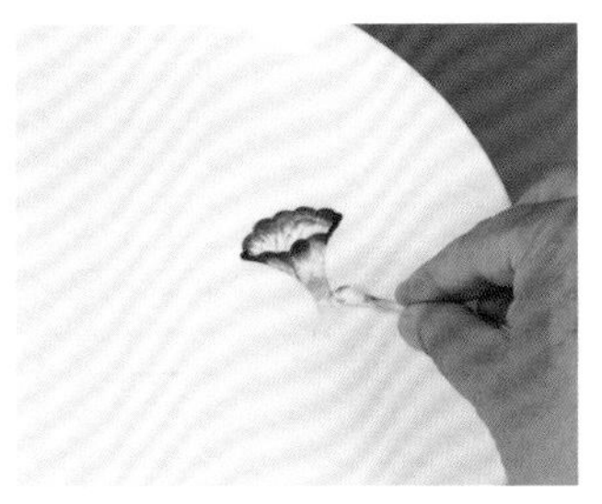

4. 抹出花瓣后，用棉签擦出喇叭形状。

5. 再画出一朵花，画出花蕊和萼片。

6. 用草绿色果酱抹出几片绿叶，用黑色果酱画出叶脉。

7. 用棕黑色果酱画出枝藤，再用棉签杆擦划一下。

8. 画出两个花蕾。

9. 题诗“山花春世界”。

27 红梅

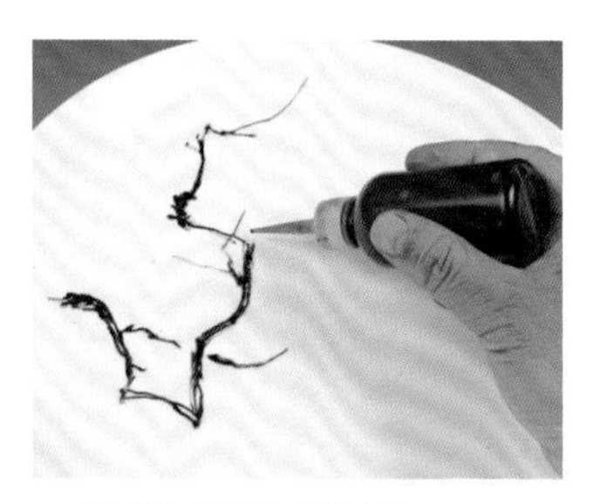

1. 用黑色果酱画出树枝。

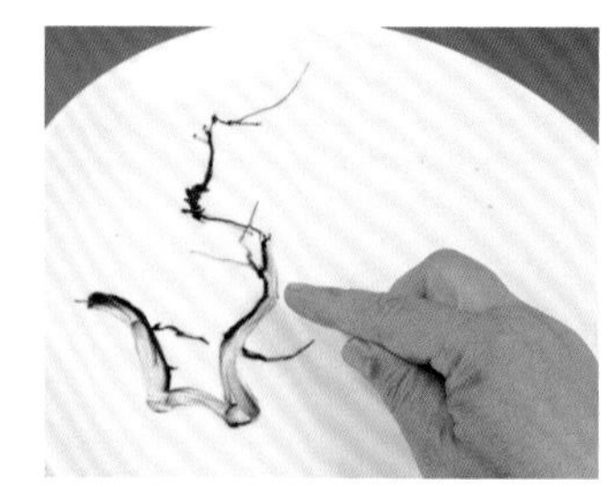

2. 用手指抹出树干。

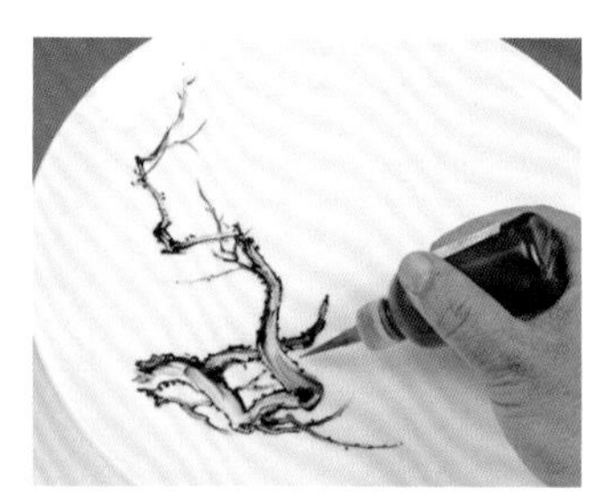

3. 用棉签杆擦出细枝，再用黑色果酱画出苔点。

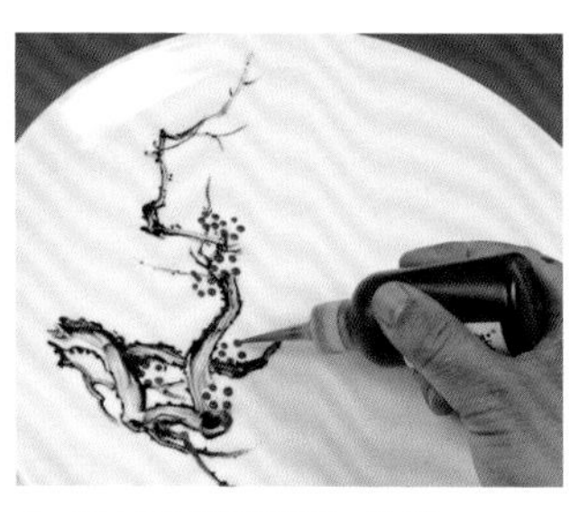

4. 用红色果酱画出花瓣。

5. 用棉签擦一下花瓣，使花瓣丰满。

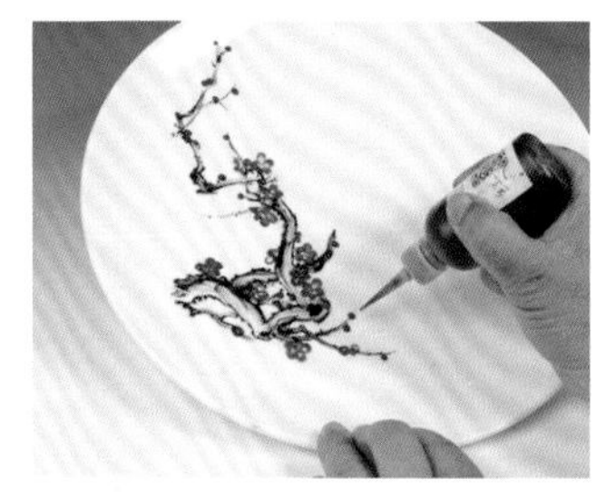

6. 再用红色果酱画出花蕾。

7. 用黑色果酱画出花蕊。

8. 用粉色果酱再画一些花朵。

9. 题诗“宝剑锋从磨砺出，梅花香自苦寒来”。

28 绿梅

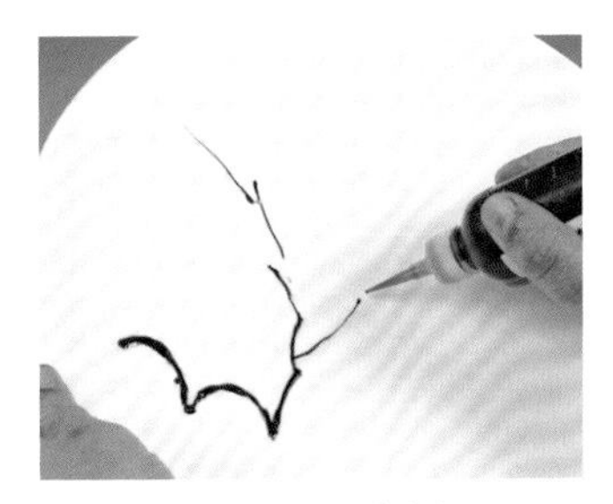

1. 用黑色果酱画出树枝。

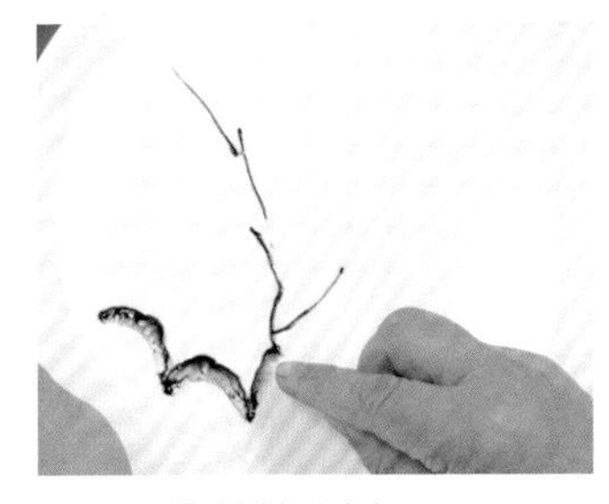

2. 用手指擦抹出树干。

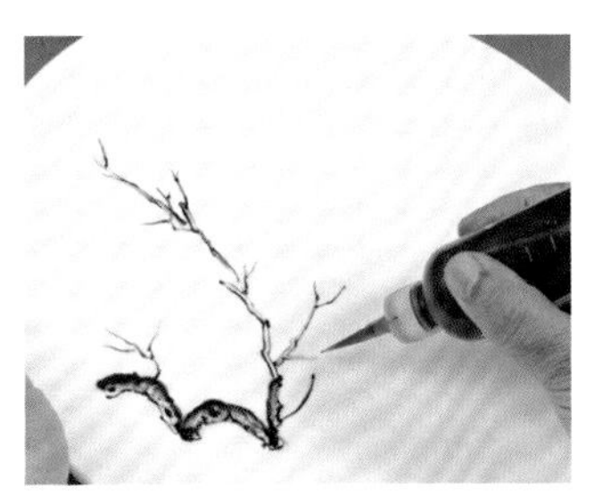

3. 用棉签杆将细枝擦一下，再画些细枝。

4. 用绿色果酱画出梅花。

5. 用棉签将花瓣擦一下。

6. 用黑色果酱画出花心。

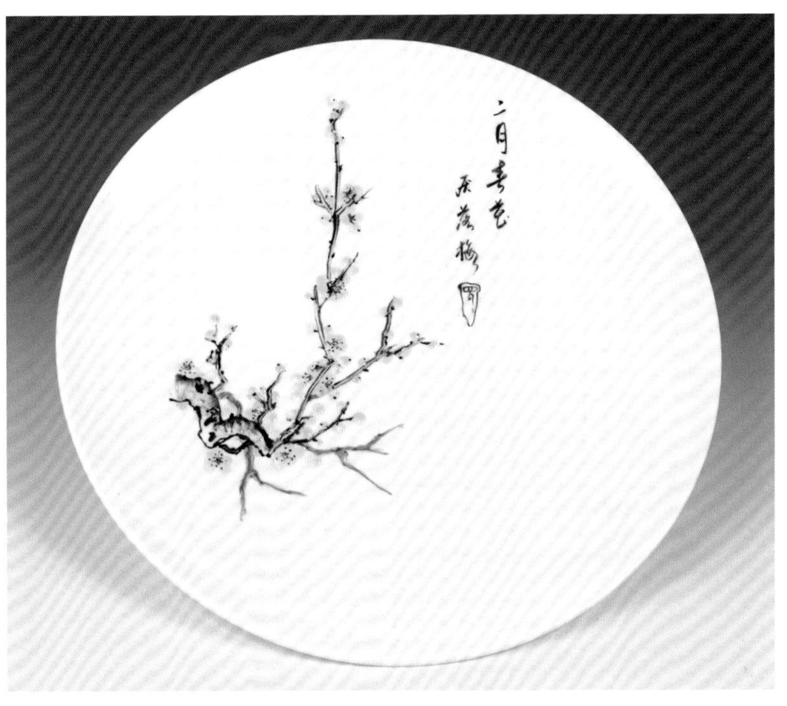

7. 用灰色果酱画些树枝，题诗“二月春花厌落梅”。

29 火字法画菊花

1. 用毛笔蘸紫红色果酱画出稍长的火字形花瓣。

2. 再画出些稍短花瓣。

3. 毛笔蘸黑色果酱画出花心。

4. 用灰色果酱画出花枝。

5. 再画一朵半开的菊花。

6. 用墨绿色果酱抹出叶子。

7. 用黑色果酱画出叶脉，题字“古人重阳爱登高”。

30 桃花

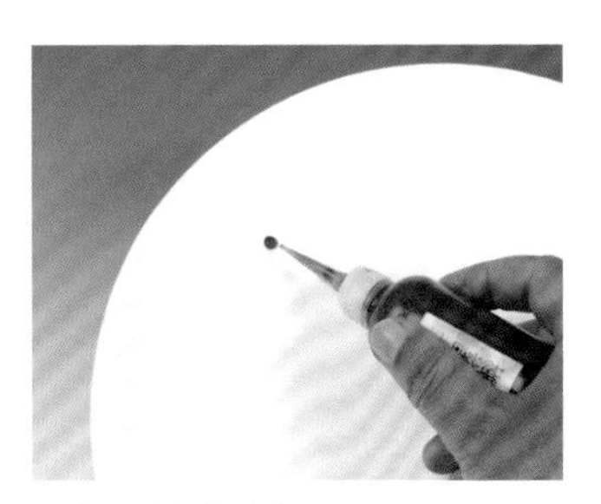

1. 挤一滴粉色果酱。

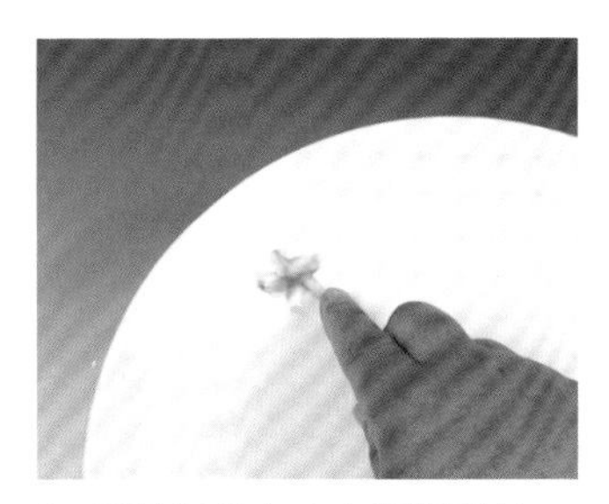

2. 用手指从中心向四周擦抹。

3. 用黑色果酱画出花瓣。

4. 用紫色和黑色果酱画出花蕊。

5. 再画出几朵花，用棕黑色果酱画出树枝。

6. 用草绿色果酱画几片竹叶，用黑色果酱画出小鸭的头、颈。

7. 用灰色果酱画出小鸭的身体。

8. 再用橙色果酱画出小鸭的嘴、脚掌。

9. 题诗“竹外桃花三两枝，春江水暖鸭先知”。

31 竹

1. 用墨绿色果酱画出竹枝。

2. 用黑色果酱画出细枝。

3. 用毛笔蘸草绿色果酱画出几片竹叶。

4. 用黑色果酱画出顶部几片竹叶。

5. 再画出下面几片黑色竹叶。

6. 题诗“邻家种新竹，时复过墙来”。

32 双勾法画荷花

1. 用黑色果酱从花瓣顶端开始画出花瓣的左边。

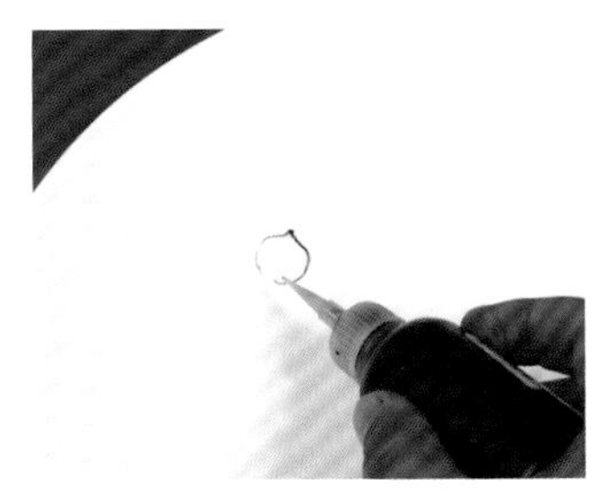

2. 再画出花瓣的右边。

3. 画出第一层五片花瓣。

4. 再画出第二层花瓣。

5. 画出花蕊。

6. 用灰色果酱画出茎，再用黑色果酱画出茎上的刺。

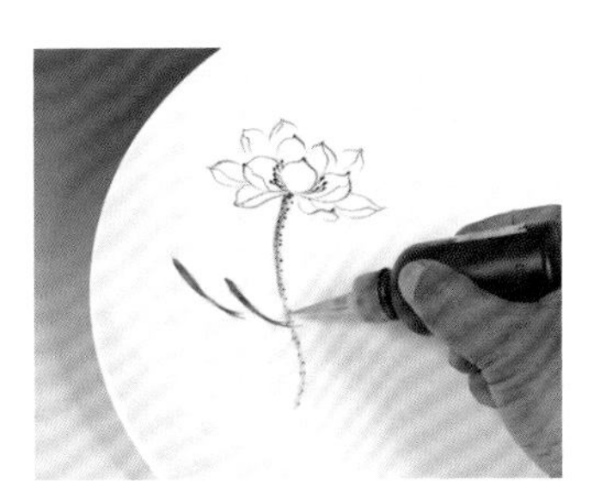

7. 用红色果酱画出两条小鱼。

8. 用红色果酱画出鳍，黑色果酱画出嘴、眼和背部。

9. 题诗“看取莲花净，应知不染心”。

33 百合花

1. 在盘边挤三滴紫色果酱。

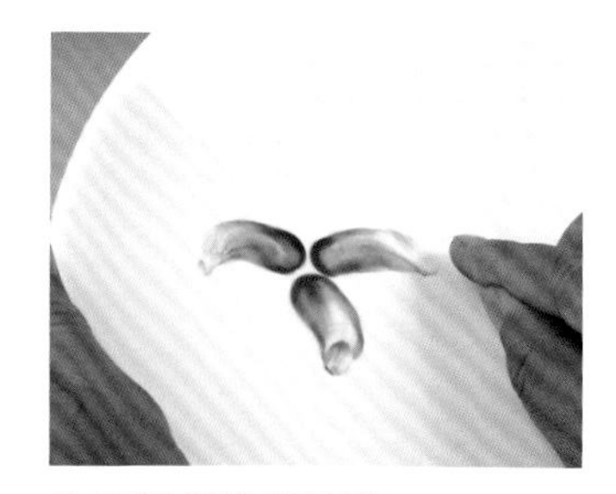

2. 用手指抹出花瓣。

3. 用竹签擦抹出花瓣中间的白筋。

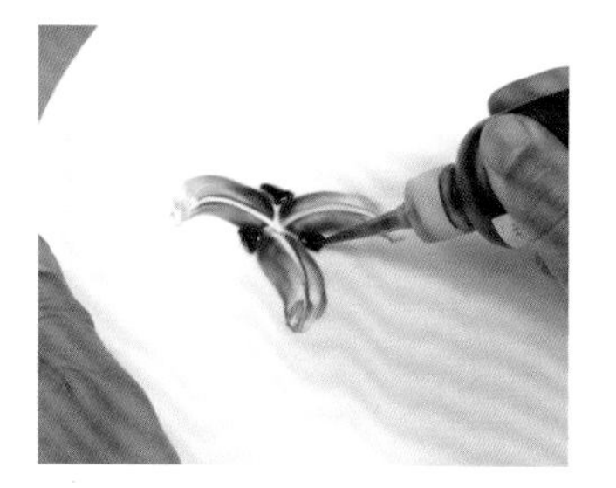

4. 再挤出三滴果酱。

5. 抹出第二层三片花瓣。

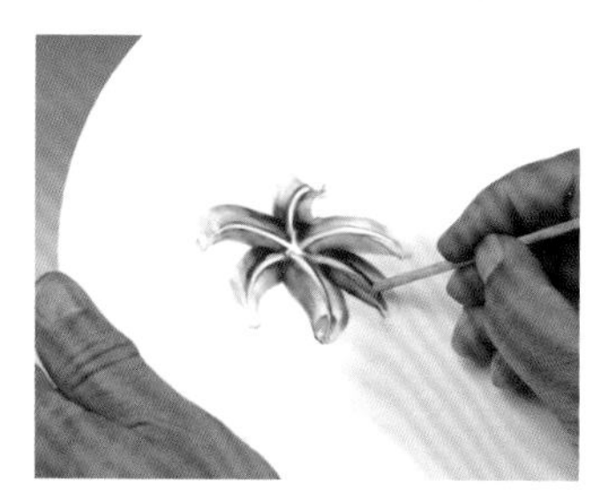

6. 擦出花瓣中间白筋。

7. 用棉签擦出花瓣边缘。

8. 用黑色果酱画出花瓣形状。

9. 用深紫色果酱在花瓣上画出斑点。

10. 画出绿色花丝。

11. 在花心顶端画出紫红色花药。

12. 用草绿色果酱画出茎。

13. 向左侧抹出一片叶子。

14. 再向右抹出一片叶子。

15. 用棉签擦叶子边缘，使之顺滑。

16. 题诗“百合花开遍地香，轻盈优雅翠枝妆”。

34 枇杷

1. 用橙色果酱画出几个枇杷轮廓。

2. 用薄厚法画出枇杷，留出高光点。

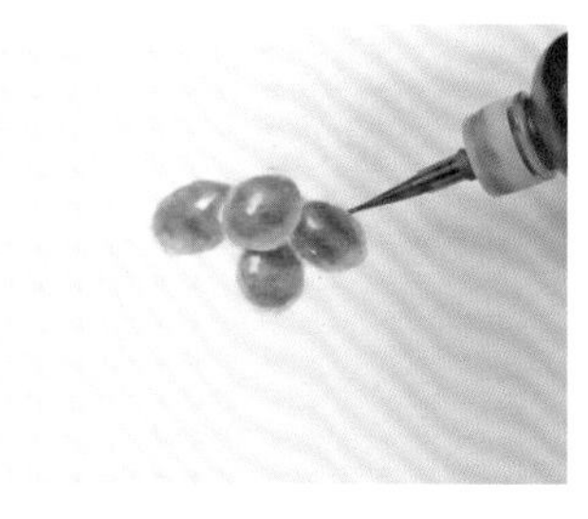

3. 同样方法画出另外几颗枇杷。

4. 用黑色果酱画出果蒂。

5. 用棕黑色果酱画出树枝。

6. 用棉签杆擦划出树枝枯干的效果。

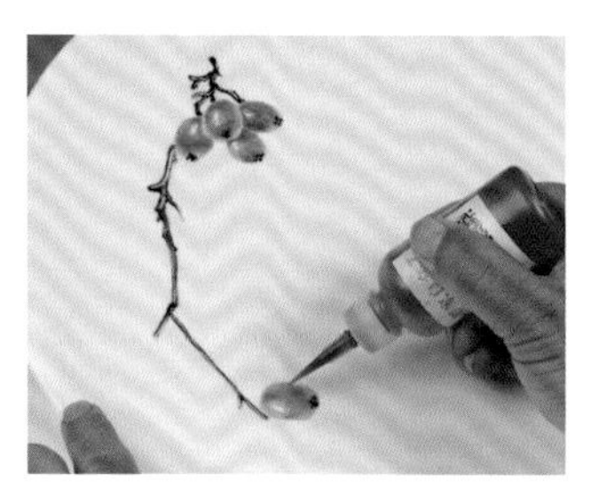

7. 在枝头再画出一颗枇杷。

8. 挤一段草绿色果酱。

9. 用手指抹出叶子。

10. 再抹出几片叶子。

11. 用黑色果酱画出叶子边缘线和叶脉。

12. 挤两滴蓝色果酱。

13. 用手指抹出鸟头。

14. 再挤两滴果酱，抹出鸟身。

15. 用黑色果酱画出鸟的嘴、眼、翅膀。

16. 题诗“摘尽枇杷一树金”。

35 旱黄瓜

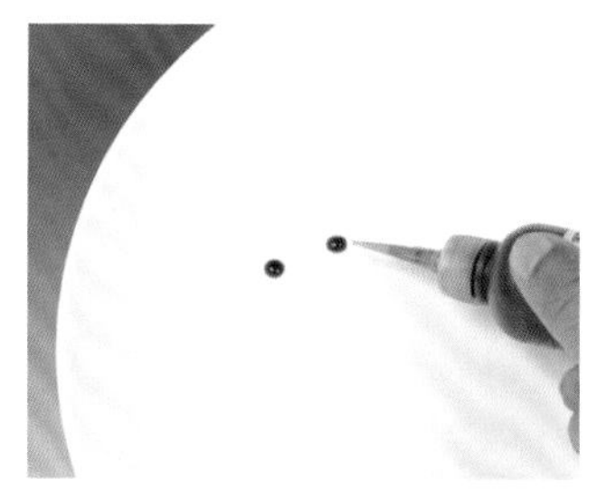

1. 在盘边挤两滴草绿色果酱。

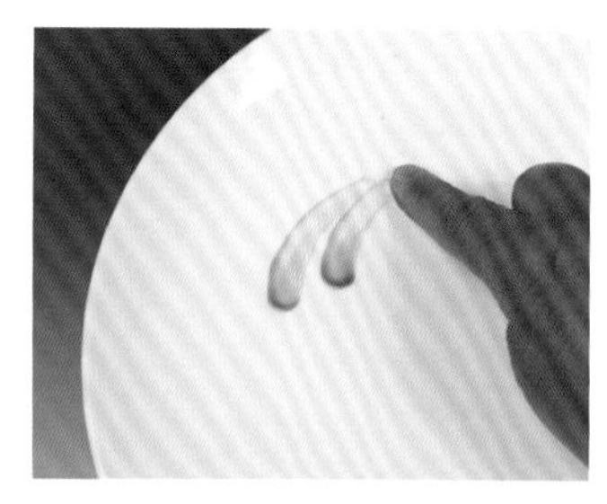

2. 用手指抹出黄瓜形状。

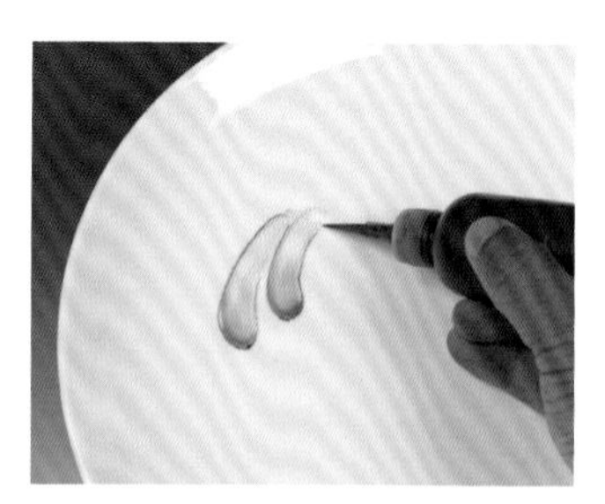

3. 用黑色果酱画出黄瓜边缘线。

4. 再画出黄瓜表面的刺。

5. 挤一滴橙色果酱。

6. 用手指向四周抹开。

7. 用黑色果酱画出花瓣。

8. 用橘红色和黑色果酱画出花蕊。

9. 用草绿色果酱画出藤蔓，题诗“随时皆好日，到处是桃源”。

36 扶桑花

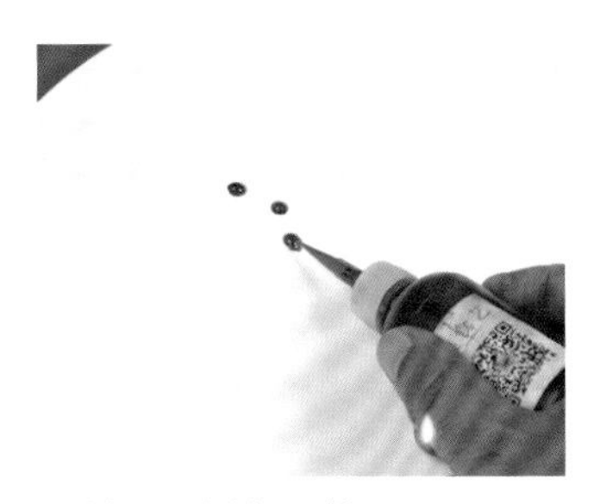

1. 挤三滴粉色果酱。

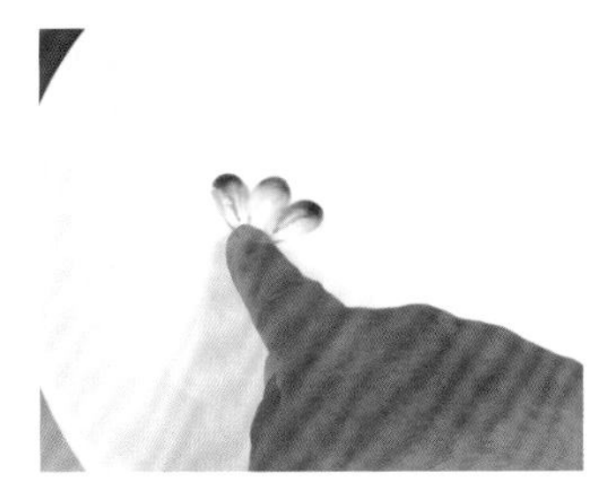

2. 用手指抹出花瓣。

3. 再挤出两滴粉色果酱。

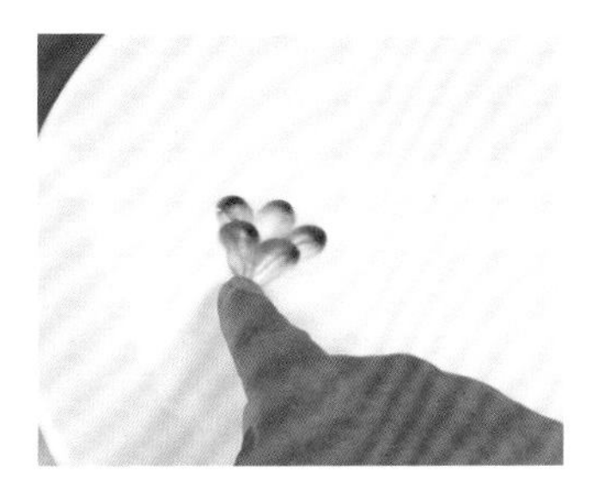

4. 向下抹出花瓣。

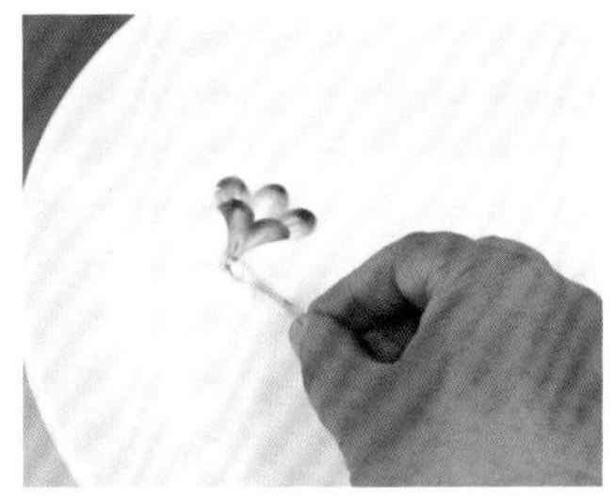

5. 用棉签擦出喇叭形状。

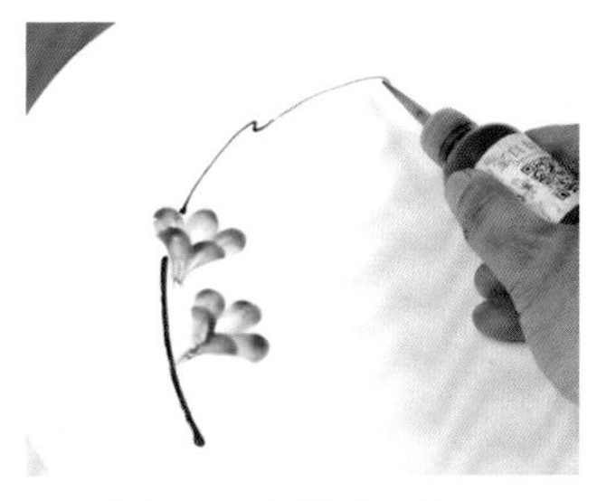

6. 用棕黑色果酱画出茎。

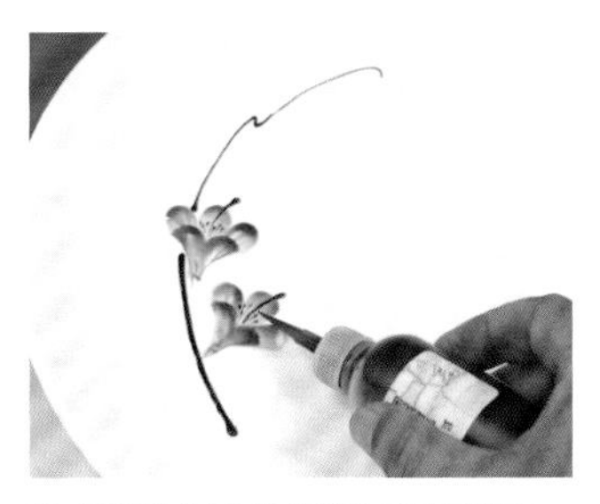

7. 再用棕黑色果酱画出花蕊。

8. 用草绿色果酱抹出几片叶子，黑色果酱画出叶脉。

9. 题字“生如夏花”。

37 为荷而来

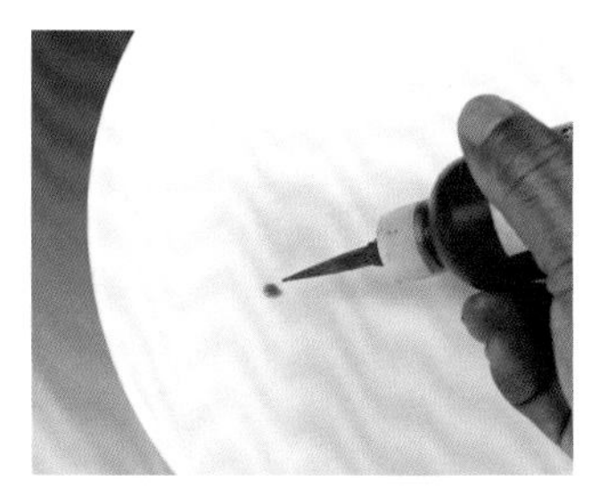

1. 挤一滴粉色果酱。

2. 用手指抹出向下的花瓣。

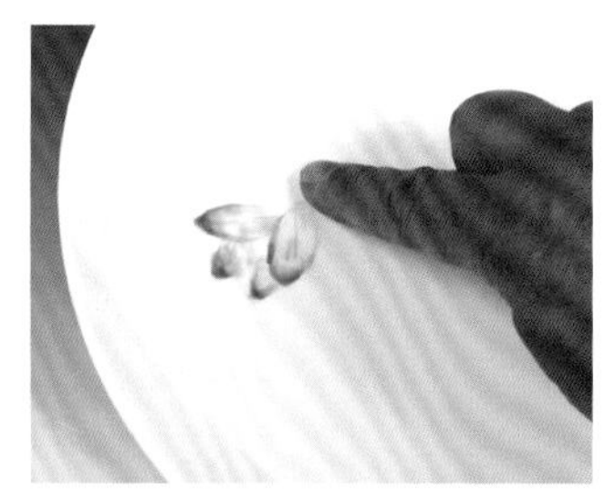

3. 同样方法再抹出几片花瓣。

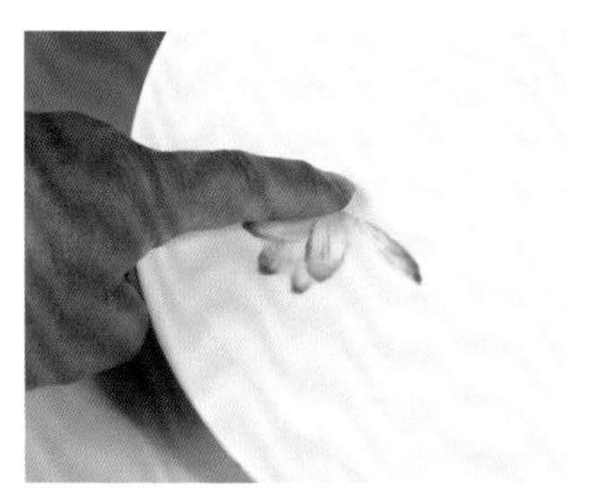

4. 再抹出一片向右下方的花瓣。

5. 用黑色果酱勾画出花瓣轮廓。

6. 用灰色果酱画出茎。

7. 用黑色果酱画出茎上的刺，再画出一条小鱼。

8. 同样方法再画出几条小鱼。

9. 画出几根花丝。题字“因荷而来，为荷停留”。

38 樱桃

1. 用黑色果酱画出一段树枝，用棉签杆擦一下。

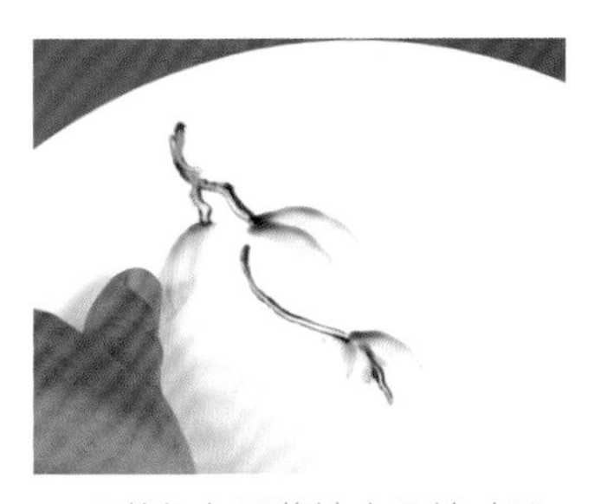

2. 用草绿色果酱抹出几片叶子。

3. 用黑色果酱画出叶脉。

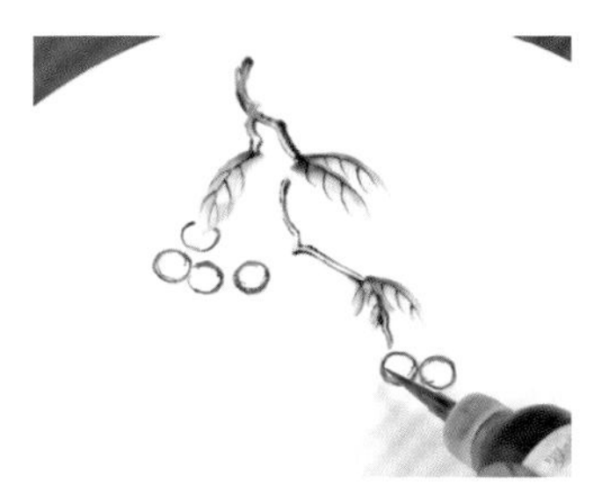

4. 用红色果酱画出樱桃轮廓。

5. 用薄厚法画出樱桃，留出高光点。

6. 用棕黑色果酱画出小枝。

7. 题词“一片春愁待酒浇，红了樱桃，绿了芭蕉”。

39 荔枝

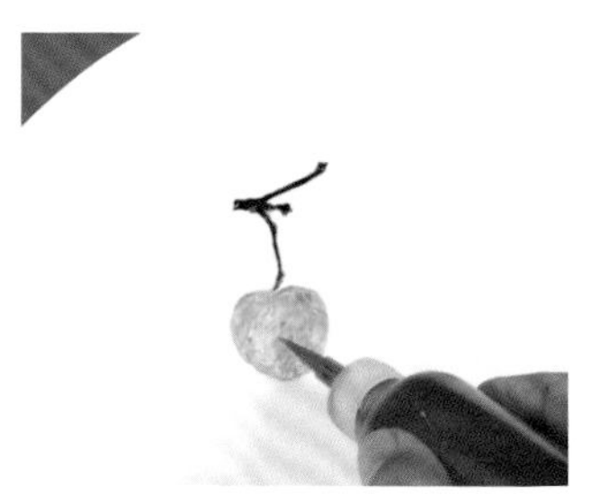

1. 用棕黑色果酱画树枝，粉色果酱画出荔枝。

2. 用虎皮黄色果酱画出荔枝阴面。

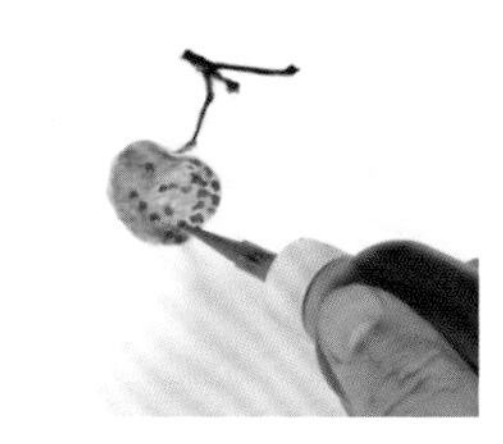

3. 用红色果酱画出荔枝阳面的颗粒。

4. 再用棕黑色果酱画出荔枝阴面颗粒。

5. 用白色果酱画出反光点。

6. 用草绿色果酱抹出两片叶子。

7. 题诗“两岸荔枝红，万家烟雨中”。

40 风竹

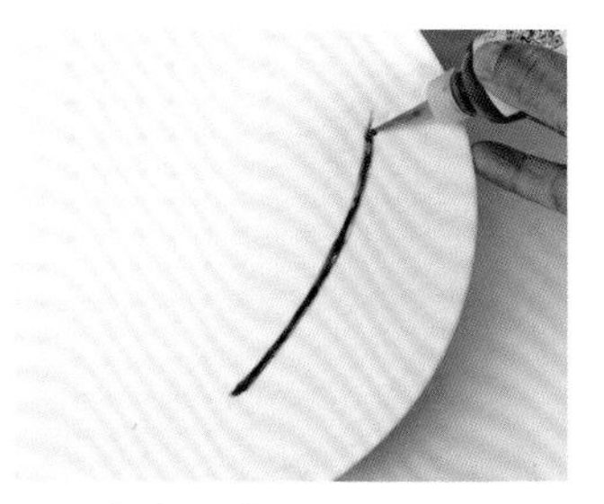

1. 用灰色果酱画出竹枝。

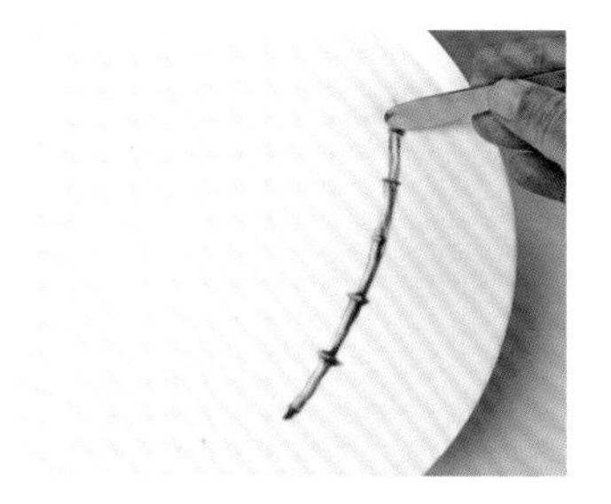

2. 用勺柄刮出竹节。

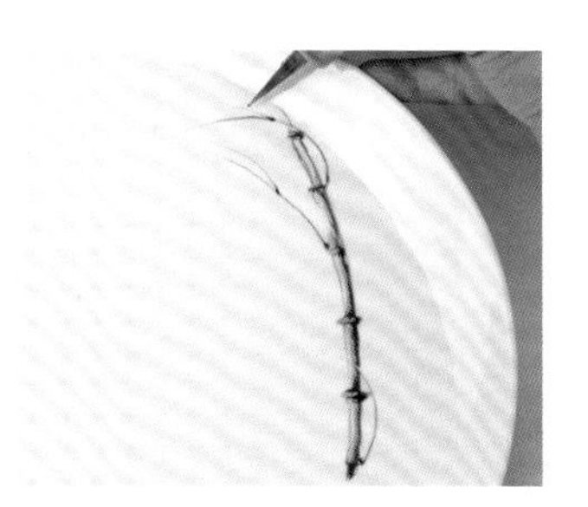

3. 用黑色果酱画出小枝。

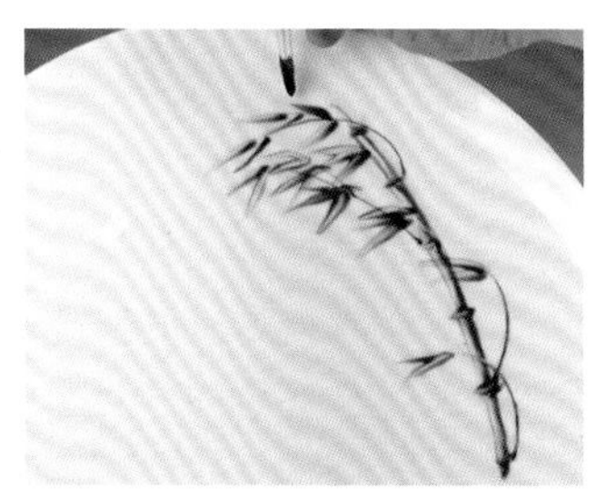

4. 用毛笔蘸黑色果酱画出竹叶。

5. 挤两滴棕色果酱。

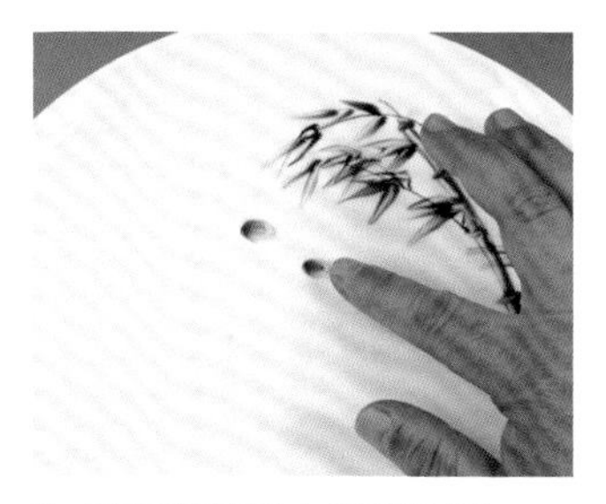

6. 用手指抹出小鸟的头部。

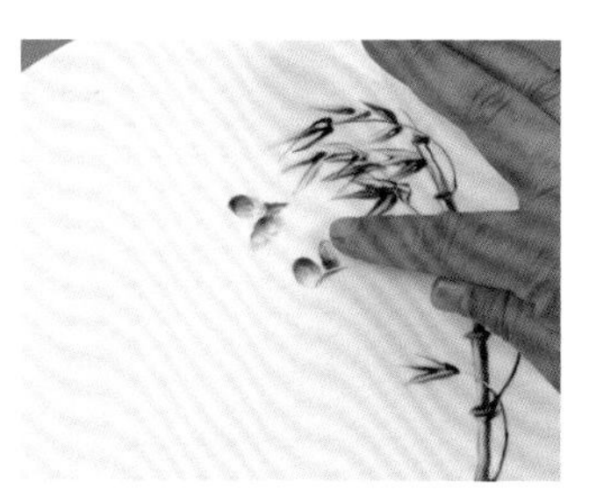

7. 再挤出棕色果酱，抹出翅膀部分。

8. 用黑色和灰色果酱画出小鸟的嘴、眼、翅膀、尾、腹。

9. 题诗“风声度竹有琴韵”。

41 甘蓝

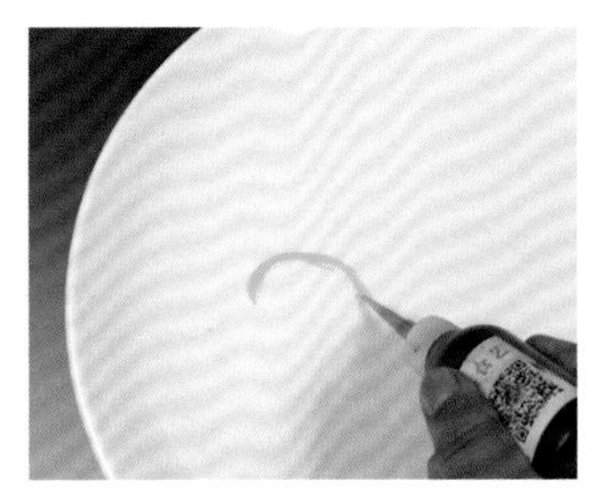

1. 用黄绿色果酱画一段弧线。

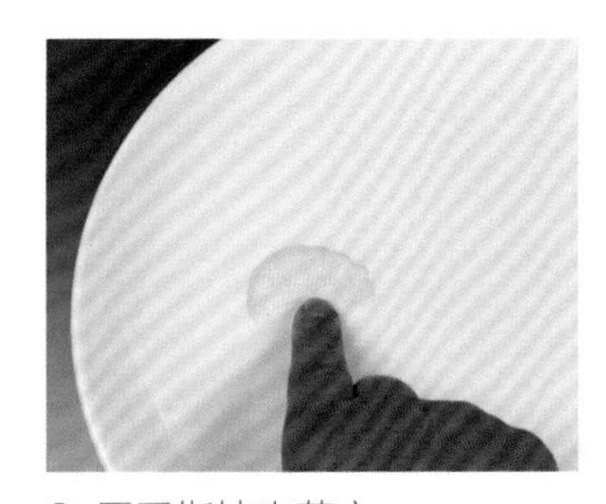

2. 用手指抹出菜心。

3. 用草绿色果酱画一段弧线。

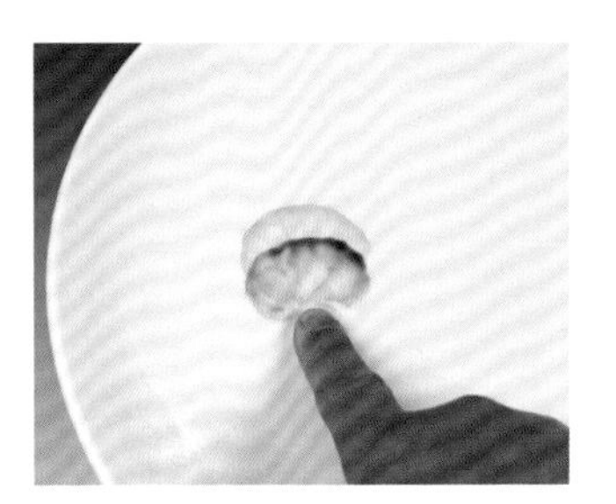

4. 用手指抹出菜叶。

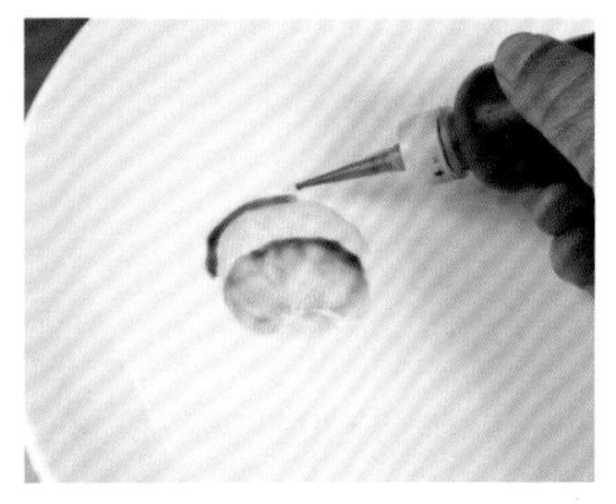

5. 在菜心上面再画一段草绿色弧线。

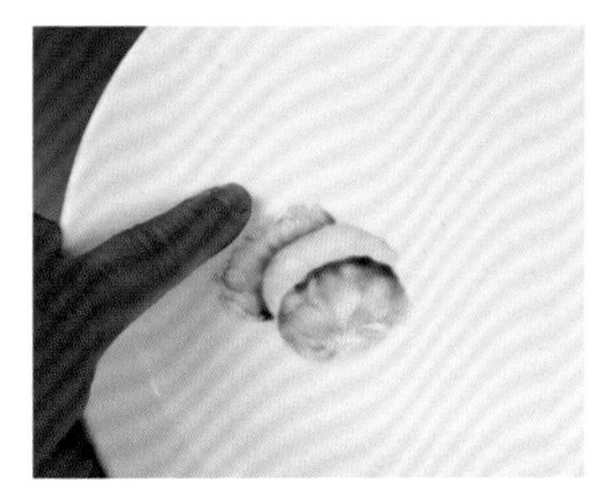

6. 向左上抹出菜叶。

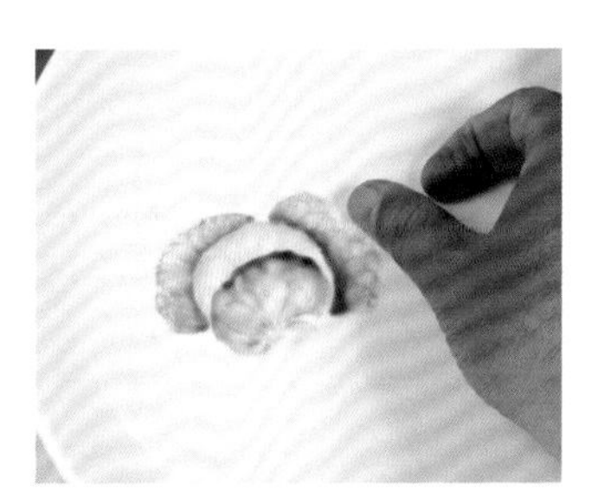

7. 同样方法抹出右上方菜叶。

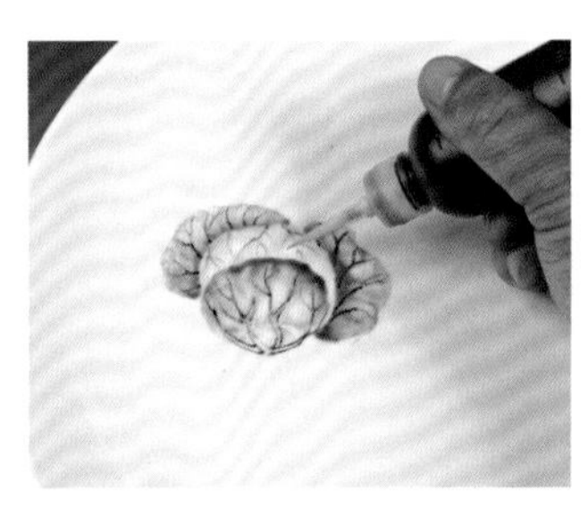

8. 用黑色果酱画出叶脉。

9. 画出蘑菇。题诗“人间有味是清欢”。

42 事事如意

1. 用橘红色果酱画出柿子的底部。

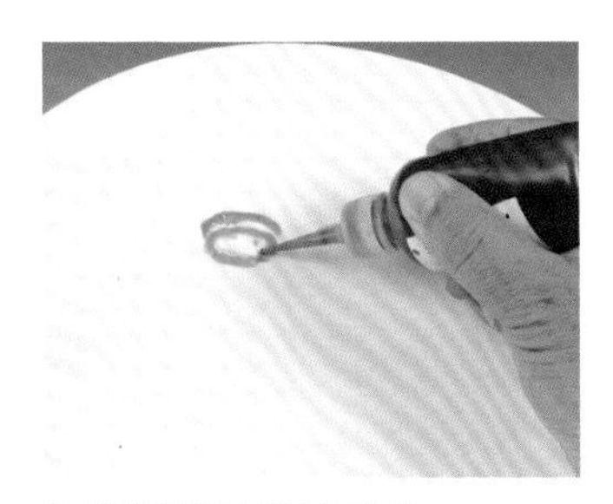

2. 再画出柿子的顶部。

3. 用薄厚法画出柿子的深浅变化。

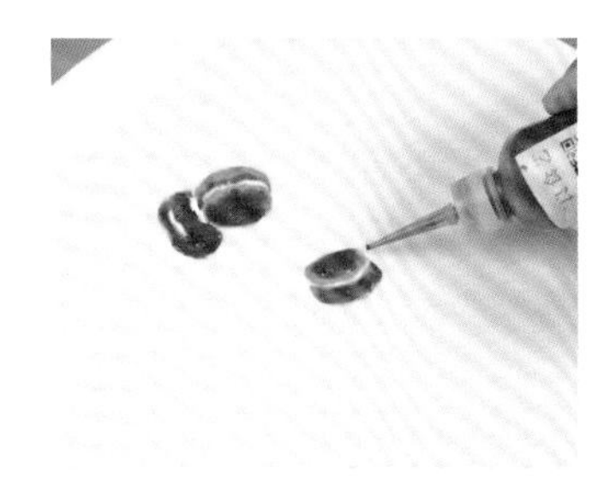

4. 同样方法再画出两个柿子。

5. 用黑色果酱画出果蒂。

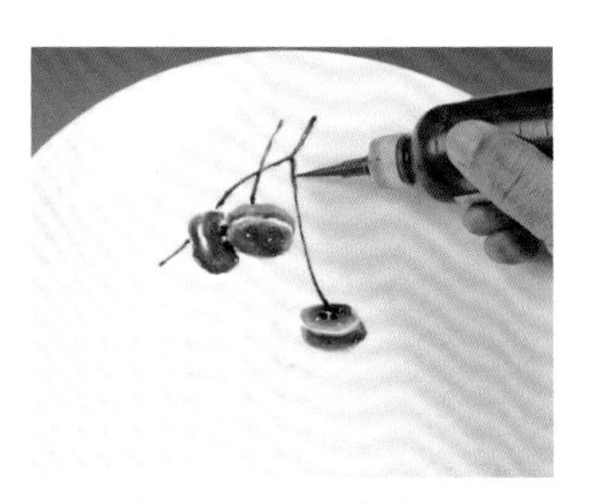

6. 用黑色果酱画出树枝。

7. 用草绿色果酱抹出几片叶子，用黑色果酱画出叶脉。

8. 题字“事事如意”。

43 仙桃

1. 用粉色果酱画出桃子的外形。

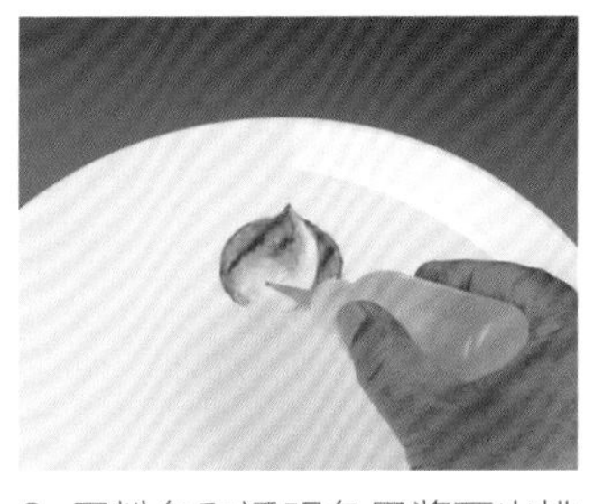

2. 用粉色和透明色果酱画出桃子表面渐变效果。

3. 用紫红色果酱画出桃尖较深的部分。

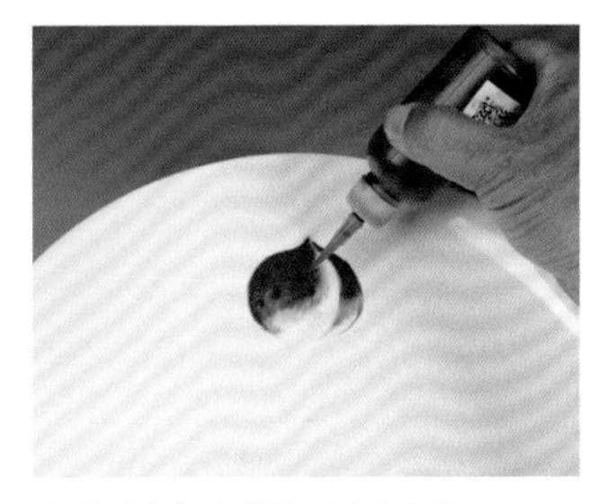

4. 用棕色果酱画出果斑。

5. 用草绿色果酱抹出几片叶子。

6. 用黑色果酱画出叶脉。

7. 用棕黑色果酱画出一段树枝，题诗“蟠桃结实三千岁，莲叶成巢几百年”。

44 素荷花

1. 用黑色果酱画出第一片花瓣。

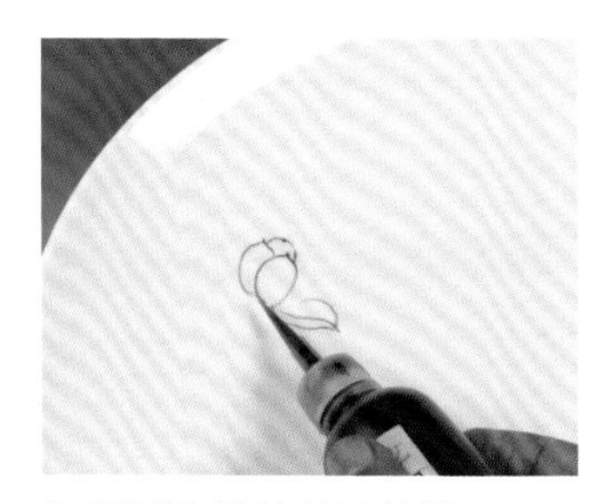

2. 再画出另外几片花瓣。

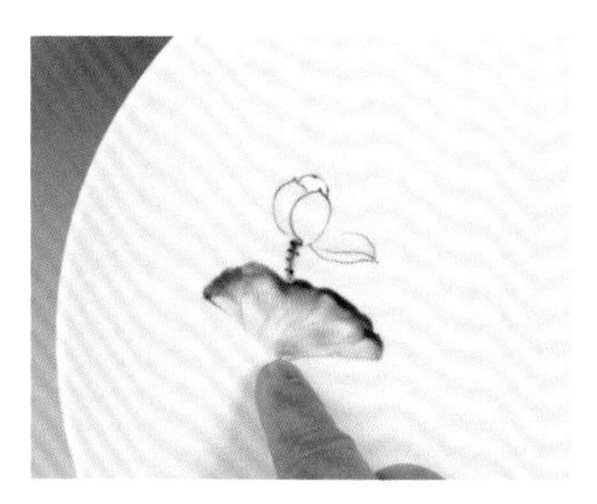

3. 用墨绿色果酱画出一段曲线，然后用手指抹出荷叶。

4. 再画出几片花瓣。

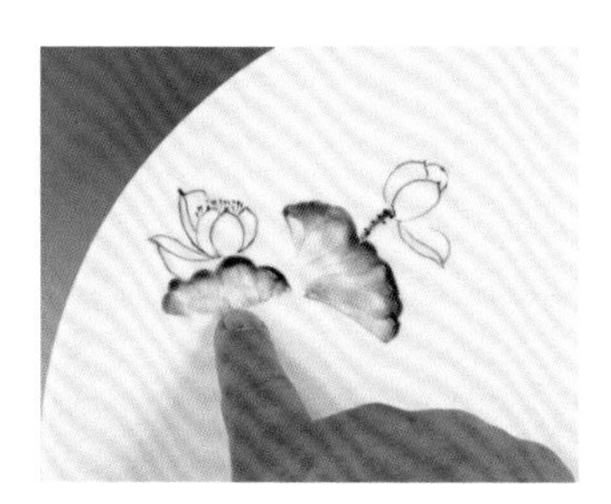

5. 再用墨绿色果酱画出一段曲线，抹出一部分荷叶。

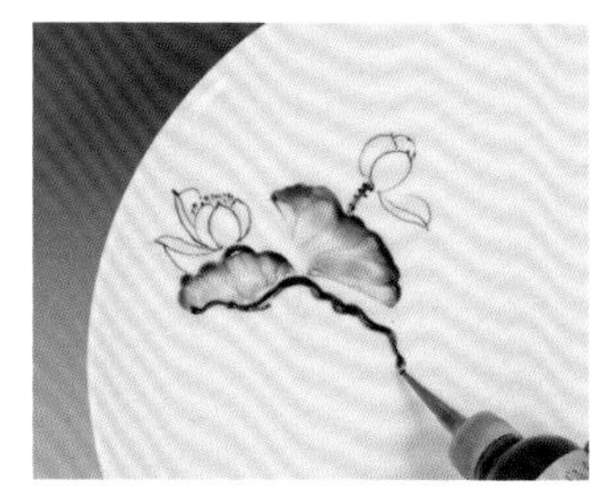

6. 用墨绿色果酱画出较长的一段曲线。

7. 抹出完整的一片荷叶。

8. 用灰色果酱画出茎，用黑色果酱点出茎上的刺，再用墨绿色果酱画出水草。

9. 题词“误入藕花深处”。

45 玉兰

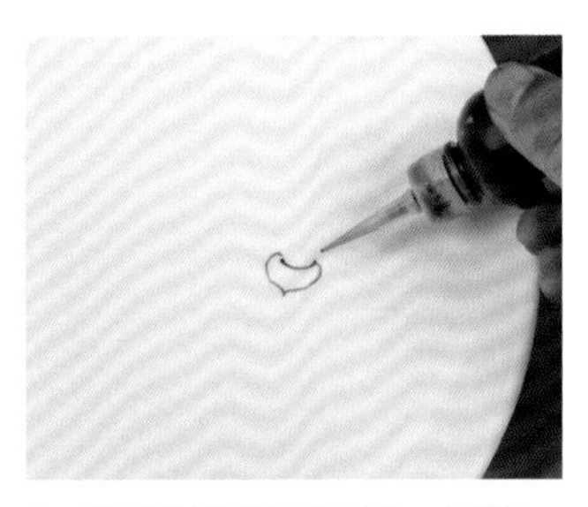

1. 用黑色果酱画出第一层第一片花瓣。

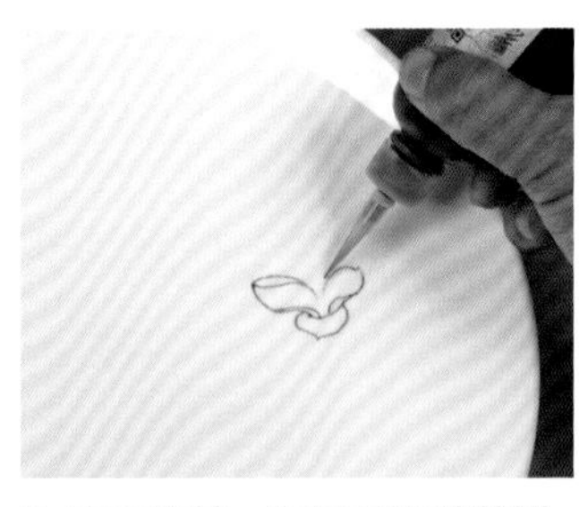

2. 再画出第一层另外两片花瓣。

3. 再画出第二层、第三层几片花瓣。

4. 再画一朵玉兰花。

5. 用黑色果酱画出树枝，用棉签杆擦划一下。

6. 画出几个花蕾。

7. 用粉色和透明色果酱给花瓣上颜色。

8. 用紫红色、草绿色和棕色果酱画出花蕊、花蕾。

9. 题诗“冰清玉洁飘暗香”。

46 米字法画切瓣牡丹

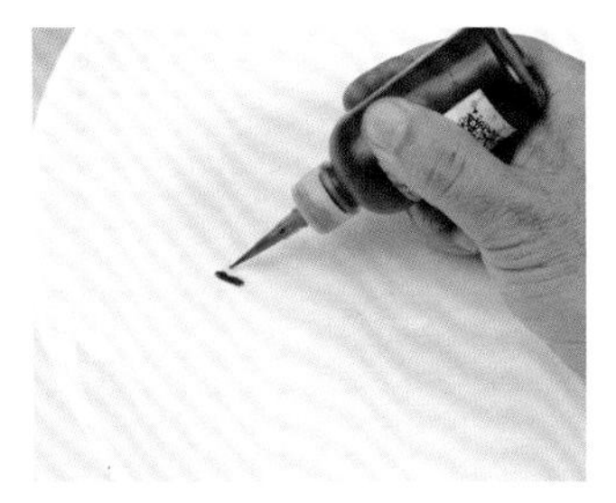

1. 在盘边画一段紫红色果酱。

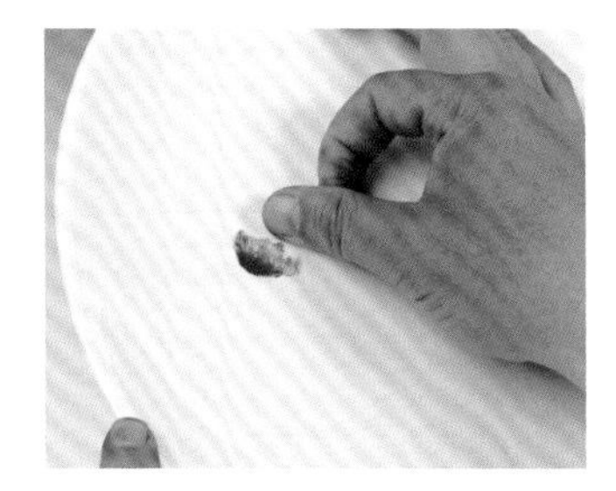

2. 用手指向上抹出渐变的花瓣。

3. 在花瓣两侧挤两滴果酱。

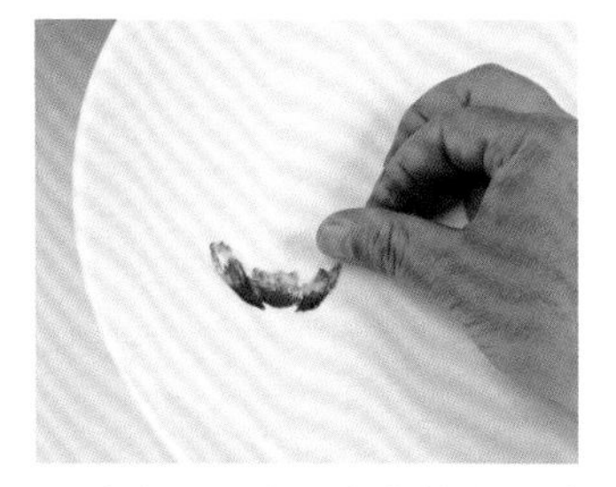

4. 向左上、右上方向抹出两片花瓣。

5. 画出水平向左的一片花瓣。

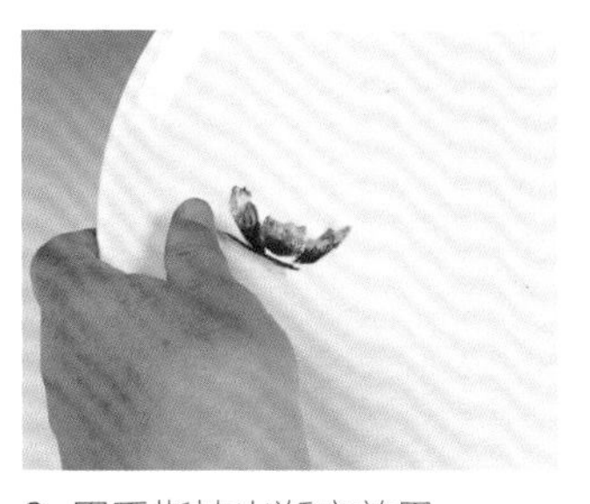

6. 用手指抹出渐变效果。

7. 画出水平向右的一片花瓣，抹出渐变效果。

8. 挤出一段果酱。

9. 向右下方抹出花瓣。

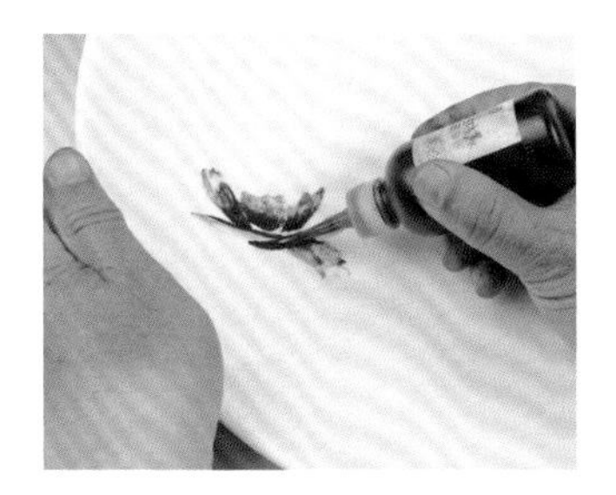

10. 再挤出一段果酱。

11. 向左下方抹出花瓣。

12. 画出水平向右花瓣的边缘。

13. 抹出外面的花瓣。

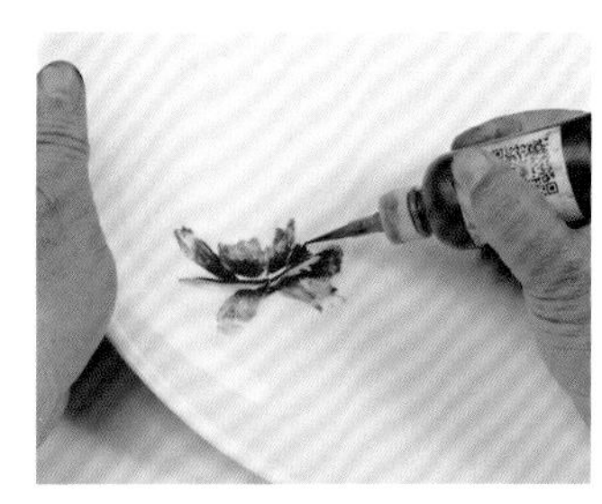

14. 在夹缝处画出花瓣。

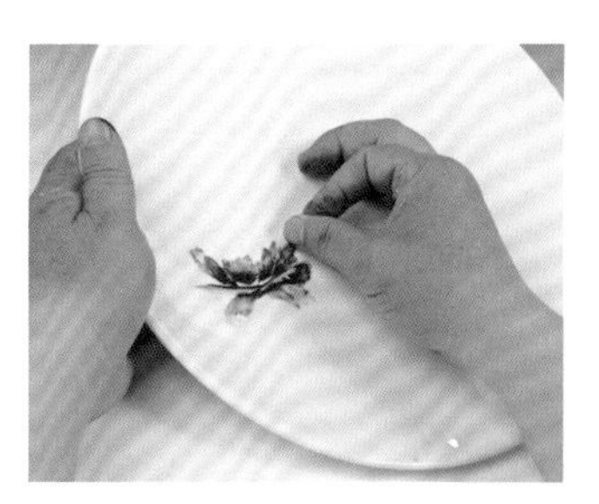

15. 向右上方抹出花瓣。

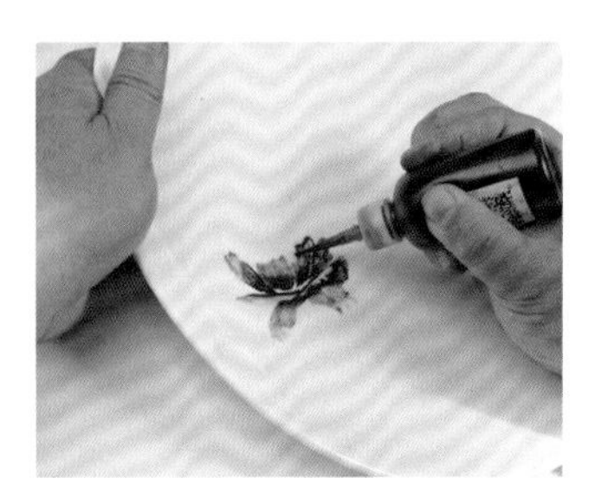

16. 画出花瓣边缘。

17. 抹出花瓣。

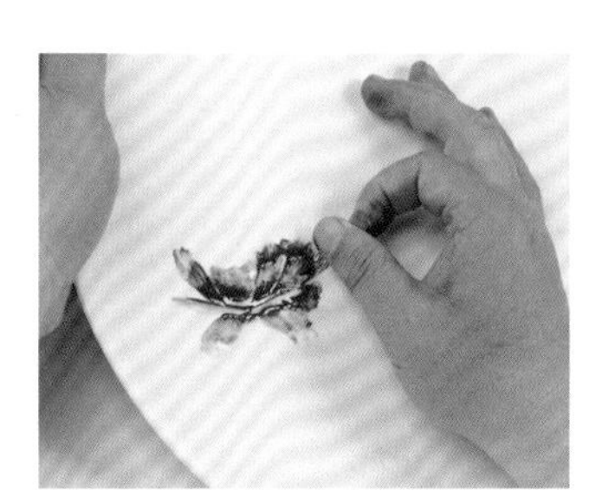

18. 同样方法再抹出花瓣。

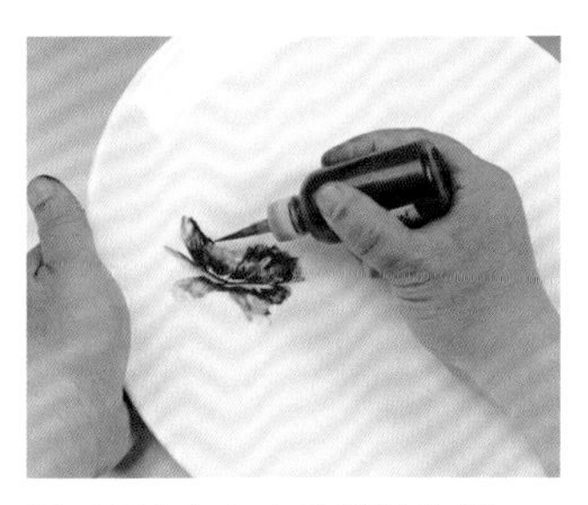

19. 画出左上方花瓣的边缘。

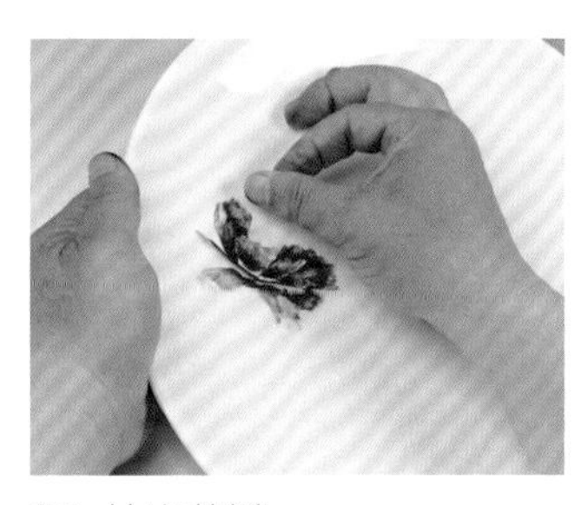

20. 抹出花瓣。

21. 画出正上方花瓣的边缘。

22. 向上抹出花蕊部分。

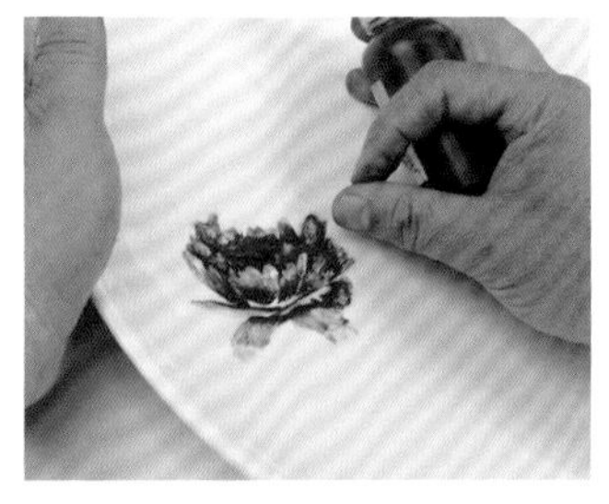

23. 在花蕊的左上方、正上方、右上方再补画几片花瓣。

24. 画出水平向左花瓣的边缘，然后抹出下面的花瓣。

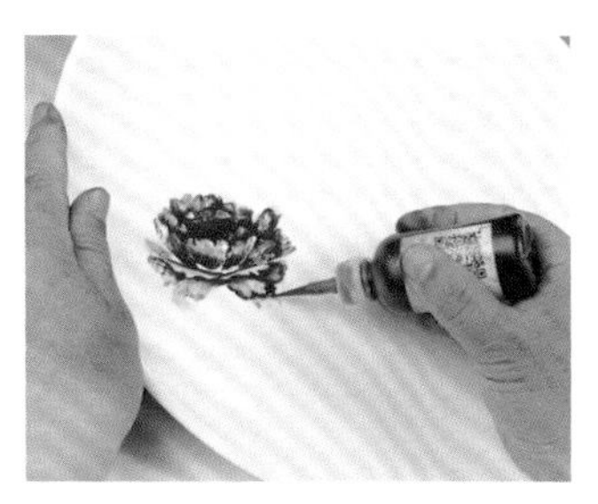

25. 画出下方花瓣的边缘，然后抹出下一层花瓣。

26. 在花蕊处用绿色果酱画出雌蕊。

27. 再撒上一些小米作雄蕊。

28. 同样方法再画出一朵花。

29. 接着画出第三朵花，再用草绿色果酱画出枝、叶。

30. 用草绿色果酱再画出几片叶子，用黑色果酱画出叶脉。

31. 题诗“牡丹庭院又春深”。

47 牡丹双燕

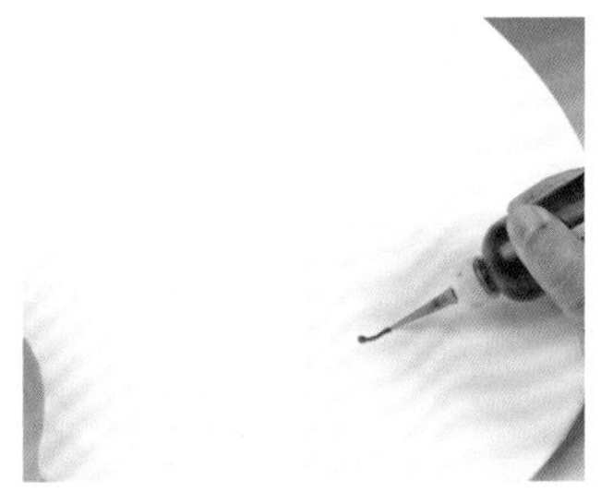
1. 在盘边挤一段粉色果酱。

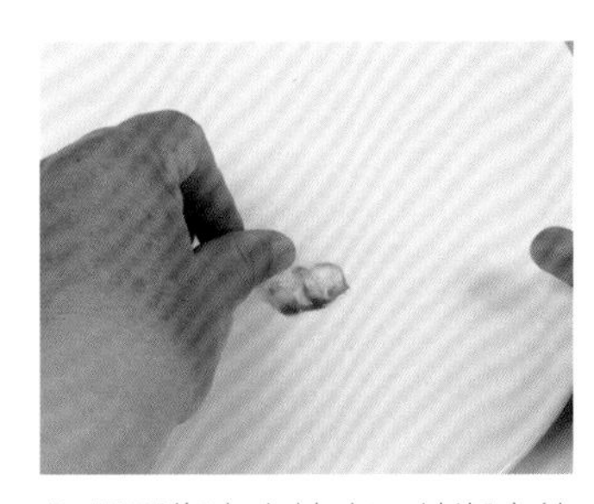
2. 用手指向上抹出一片渐变的花瓣。

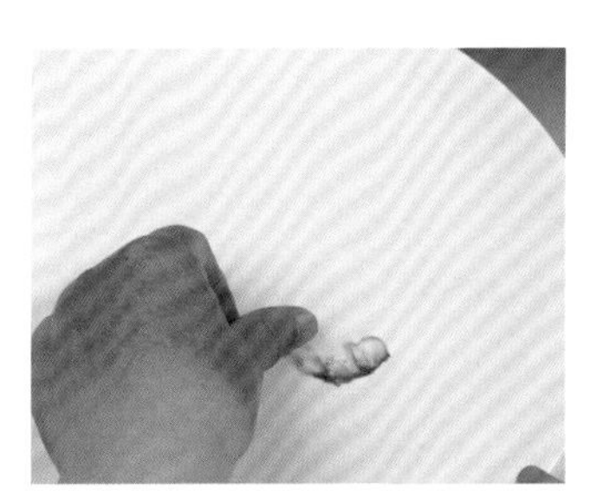
3. 在左边挤一点果酱，抹出左上侧的花瓣。

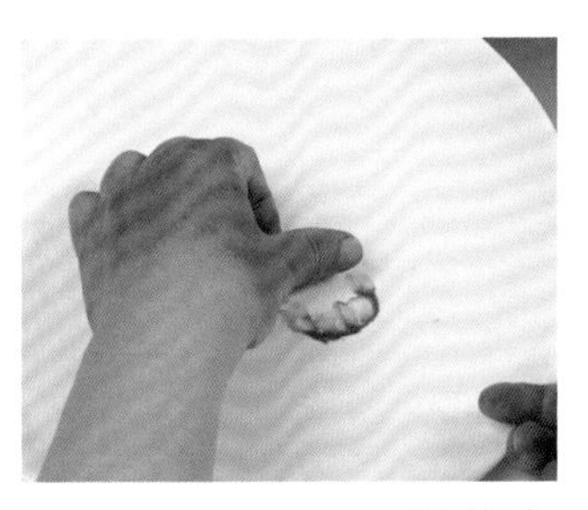
4. 同样方法抹出右上侧的花瓣。

5. 分别向左右画出两片横向的花瓣。

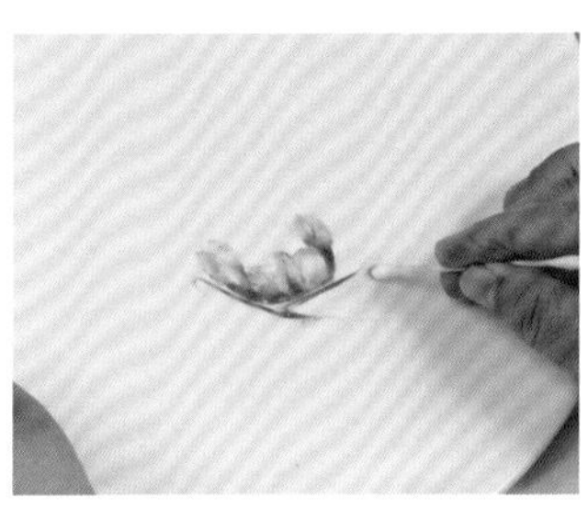
6. 用棉签将花瓣向左右两侧擦一下。

7. 在右边挤一点果酱，然后用手指向右上方擦出花瓣。

8. 用果酱画出花瓣形状。

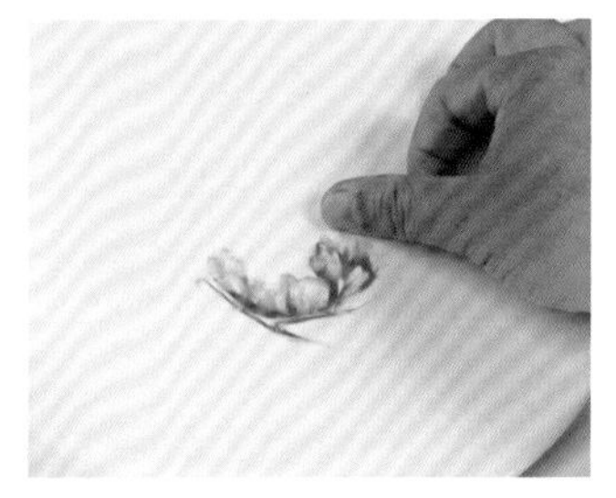
9. 向上抹出花瓣。

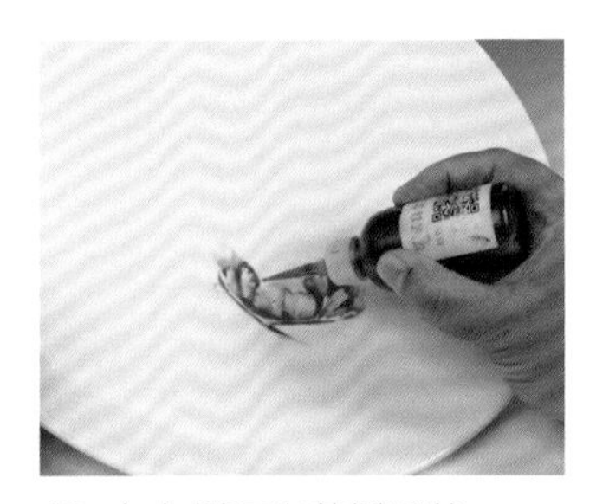
10. 在左侧画出花瓣形状。

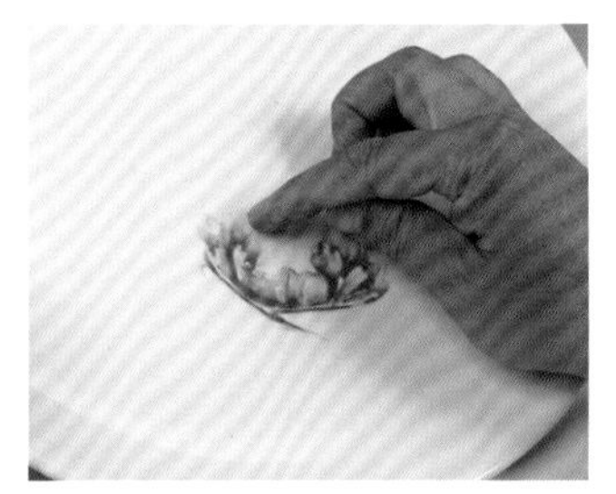
11. 向上抹出花瓣。

12. 在右下方画出前一片花瓣，抹出下一片花瓣。

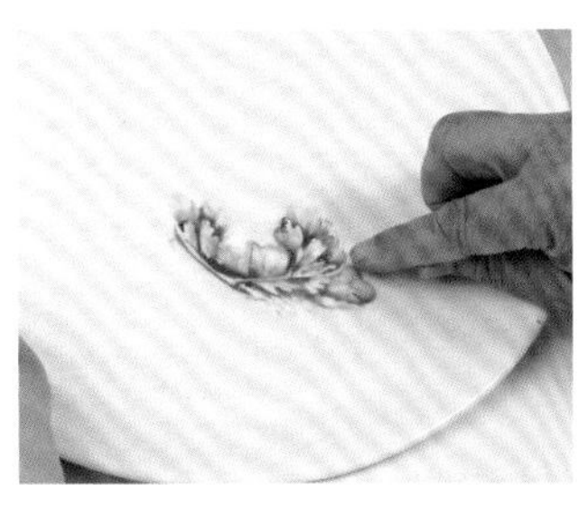

13. 再分两步抹出一片卷边花瓣。

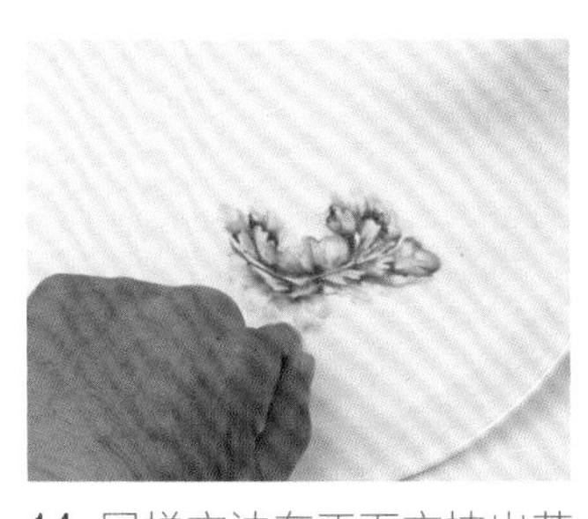

14. 同样方法在正下方抹出花瓣。

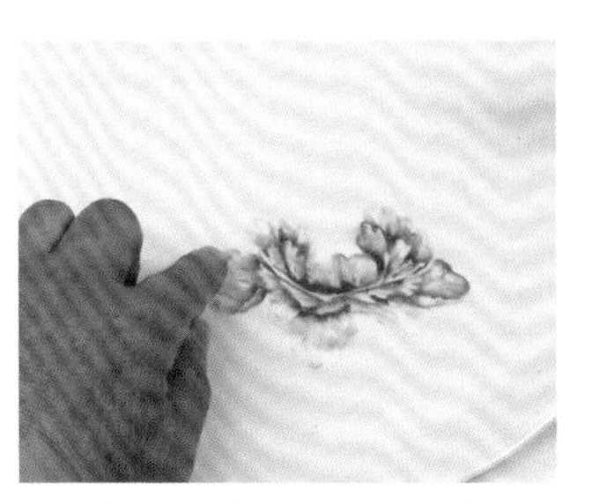

15. 在左侧抹出一片卷边花瓣。

16. 再抹出右下方一片卷边花瓣。

17. 抹出正下方最外边的一片花瓣。

18. 用紫红色果酱画出花蕊部分。

19. 继续用粉色果酱抹出花蕊外侧的花瓣两至三层。

20. 在花蕊部撒一些小米作雄蕊，挤三滴绿色果酱作雌蕊。

21. 在花的右侧用草绿色果酱抹出两片草绿色叶子。

22. 再用同样的方法画一朵紫红色的花。

23. 同样用小米和绿色果酱画出花蕊。

24. 用草绿色果酱抹出几片叶子。

25. 用棕黑色果酱画出叶脉。

26. 画出一朵花蕾，抹出几片叶子。

27. 画出另外三朵花蕾和一些树枝，挤一滴黑色果酱。

28. 用手指抹出燕子头部。

29. 用黑色果酱画出燕子的嘴、腹、翅膀和尾。

30. 再画出一只燕子，然后用粉色果酱在腹部涂上粉色。

31. 题诗“谁家新燕啄春泥”。

48 一枝独秀醉牡丹

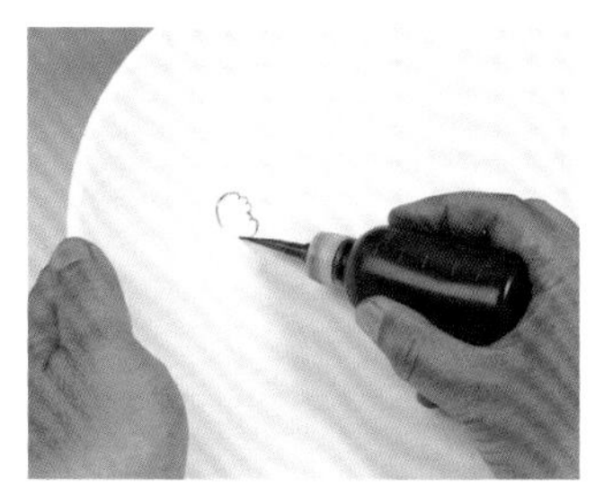

1. 用黑色果酱画出第一片花瓣。

2. 再画出位其左右的两片花瓣。

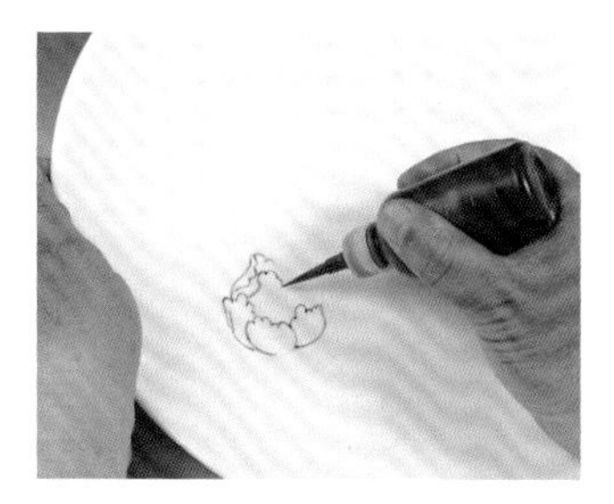

3. 画出位于上方重叠的两片花瓣。

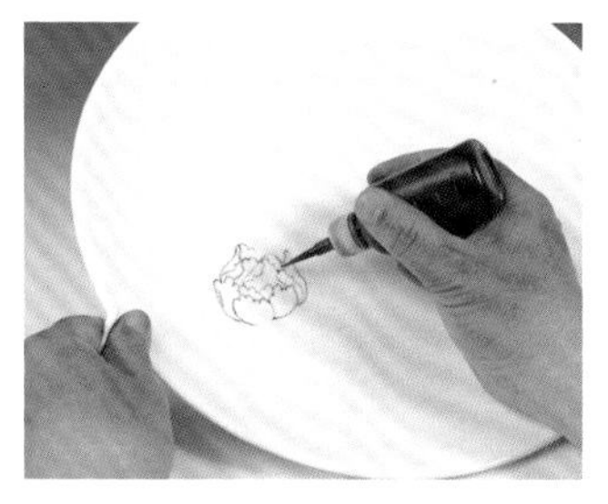

4. 画出完整的一圈花瓣和花蕊。

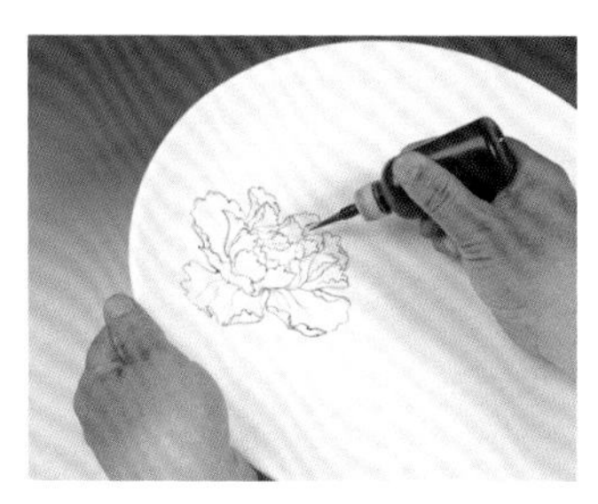

5. 画出向外开放的一圈花瓣。

6. 用粉色果酱画出花瓣根部分。

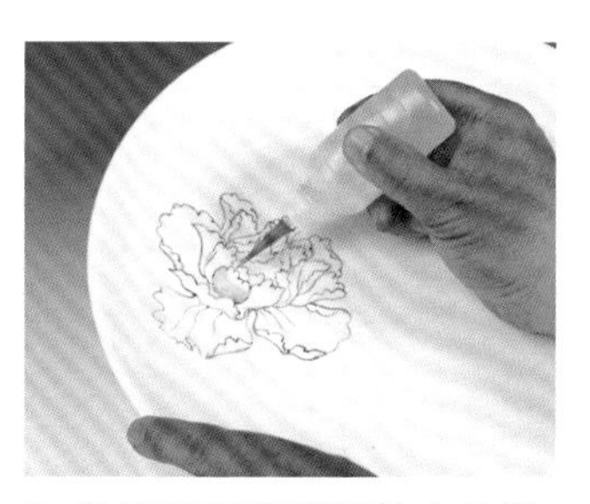

7. 用透明果酱画满整个花瓣，并反复勾抹两种颜色的交界处，使颜色过渡自然。

8. 用这种方法画完所有花瓣的背面。

9. 再画出花瓣的正面。

10. 用紫红色果酱在花蕊处涂色。

11. 在花蕊撒一些小米作雄蕊。

12. 用草绿色果酱画出绿茎。

13. 同样颜色抹出两片叶子。

14. 用黑色果酱画出叶脉。

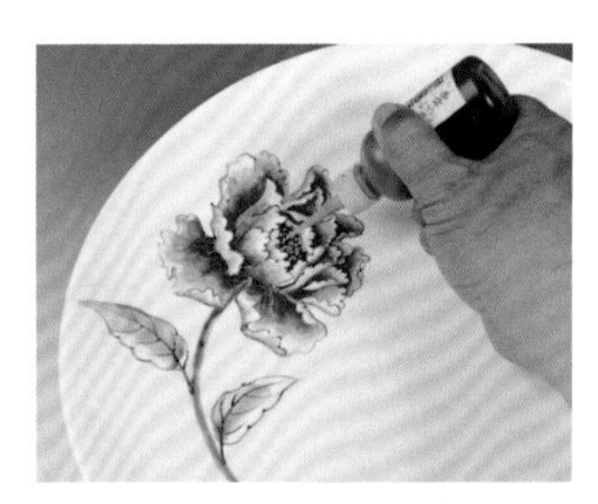

15. 用绿色果酱画出雌蕊。

16. 题诗“国色朝酣酒，天香夜染衣”。

49 蝶戏牡丹

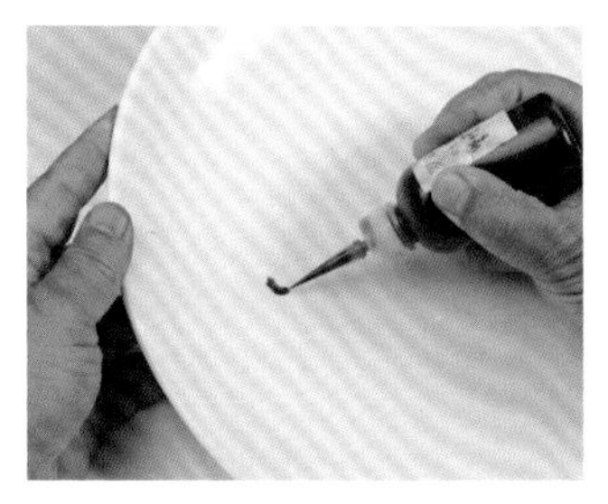
1. 在盘边挤一段淡紫色果酱。

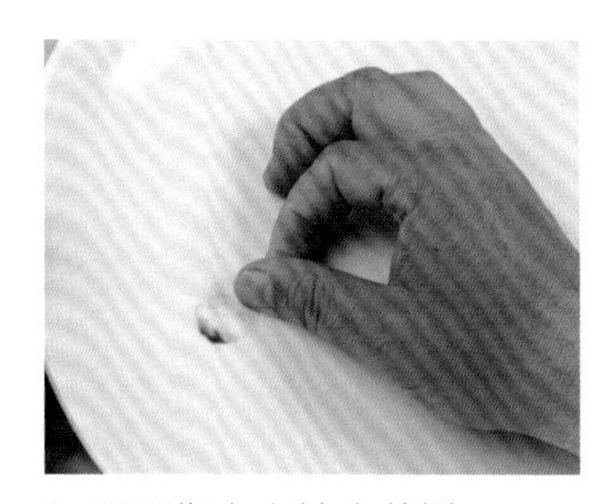
2. 用手指向上抹出花瓣。

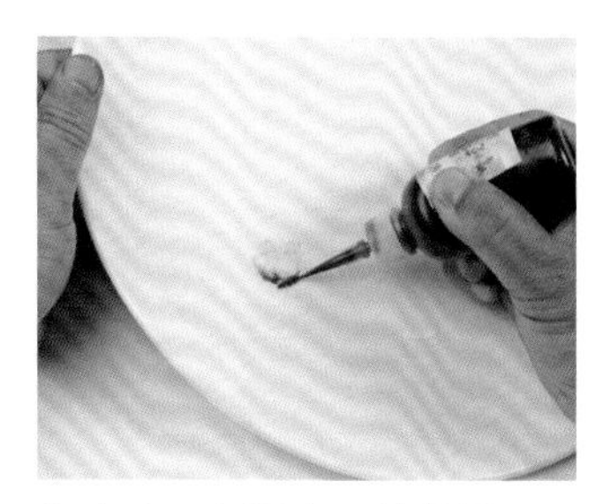
3. 在右下侧画出一片花瓣。

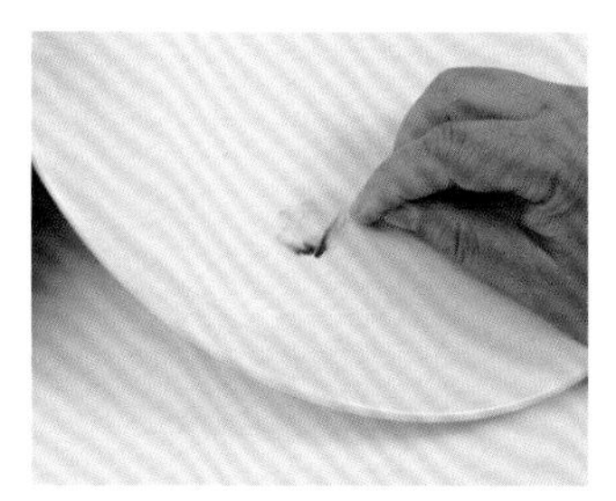
4. 向右上方抹出花瓣。

5. 画出左侧花瓣。

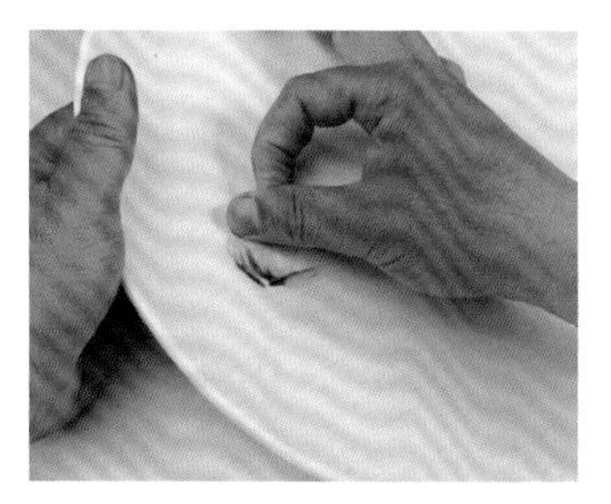
6. 向左上方抹出花瓣。

7. 画出左侧花瓣的边缘。

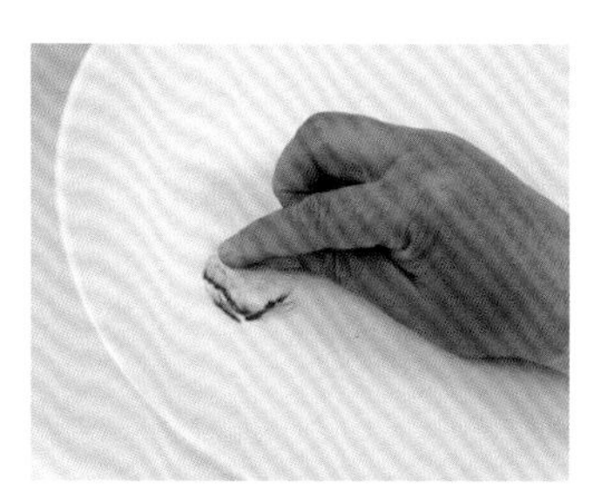
8. 向左上抹出花瓣。

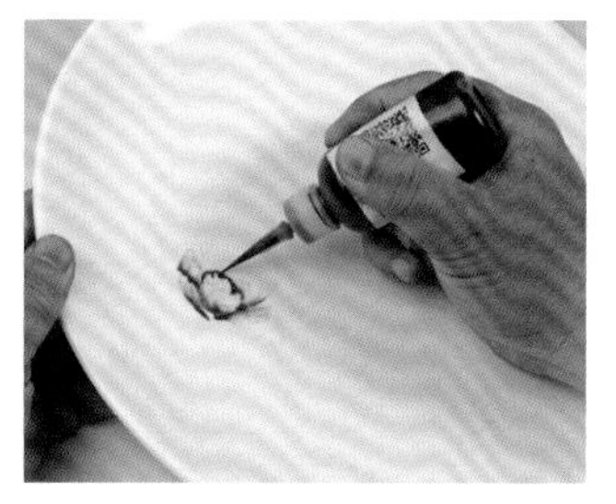
9. 画出中间花瓣的边缘。

10. 向上抹出花瓣。

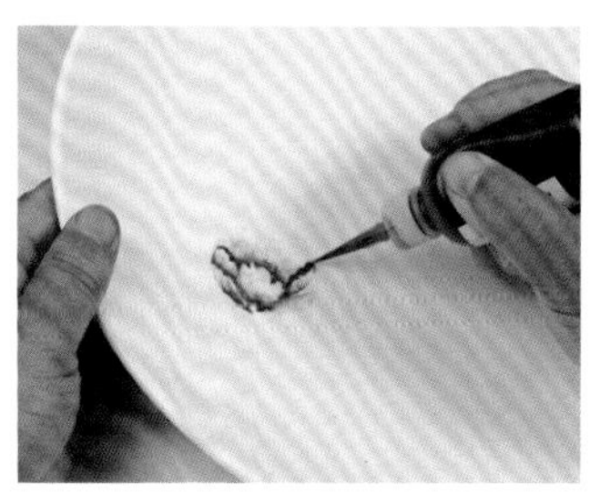
11. 画出右侧花瓣边缘。

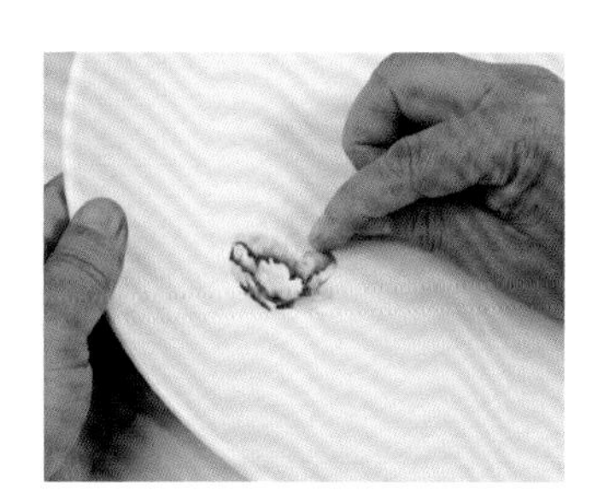
12. 抹出卷边效果的花瓣。

13. 再画出右侧花瓣的边缘。

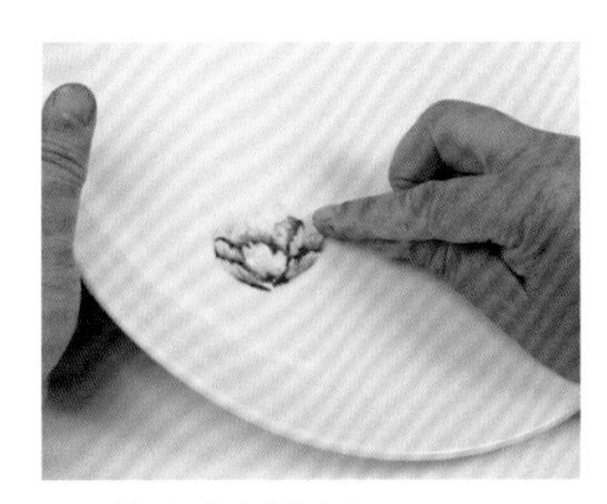

14. 抹出右侧花瓣。

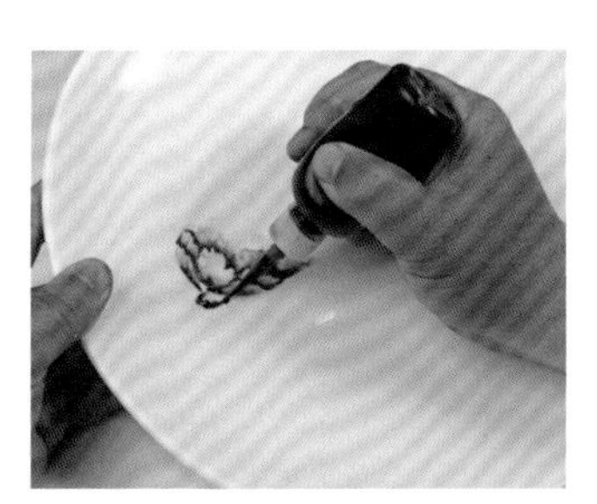

15. 画出下方一片小花瓣。

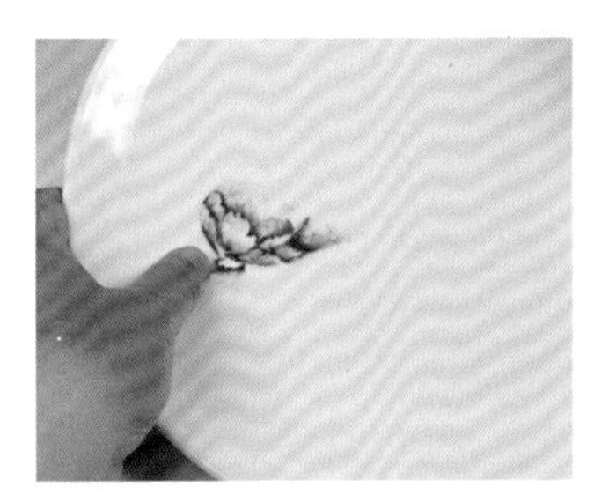

16. 抹出花瓣。

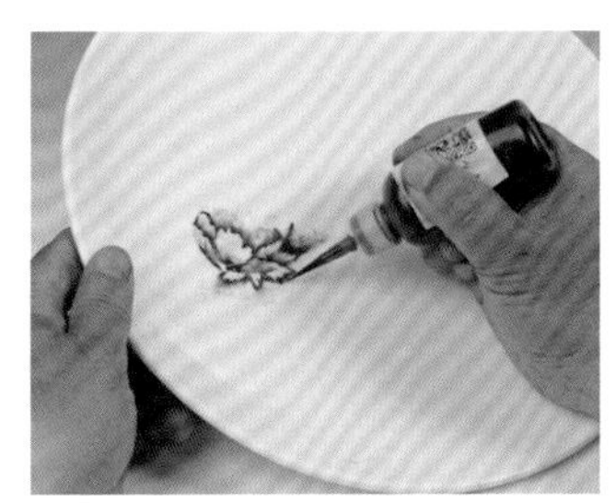

17. 画出右下方花瓣。

18. 抹出花瓣，同样方法再画出一片花瓣。

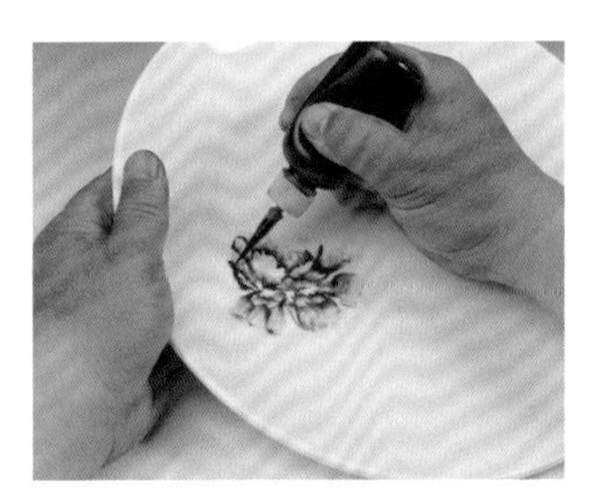

19. 画出左侧花瓣边缘。

20. 向左下方抹出花瓣。

21. 画出左上方花瓣。

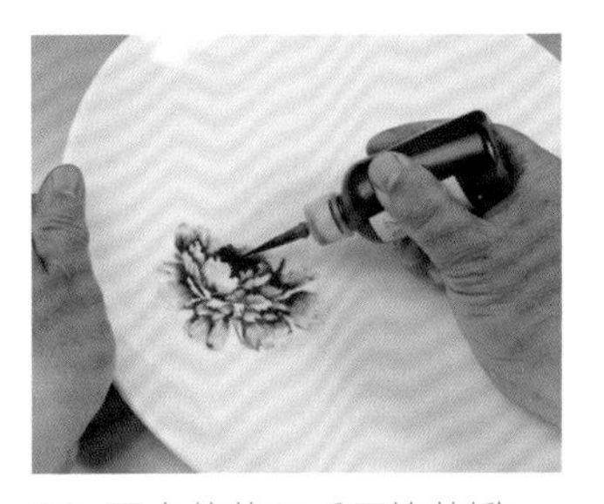

22. 画出花蕊和后面的花瓣。

23. 画出花蕊右上方的花瓣。

24. 用绿色果酱画出花蕊的雌蕊。

25. 撒几粒小米做花蕊的雄蕊。

26. 画出一个花蕾。

27. 用墨绿色果酱画出枝。

28. 用草绿色果酱抹出几片叶子。

29. 用黑色果酱画出叶脉。

30. 用蓝色果酱抹出一只蝴蝶的翅膀。

31. 画出蝴蝶的身、须、足、斑点，题诗“好香难掩蝶先知”。

50 工笔牡丹

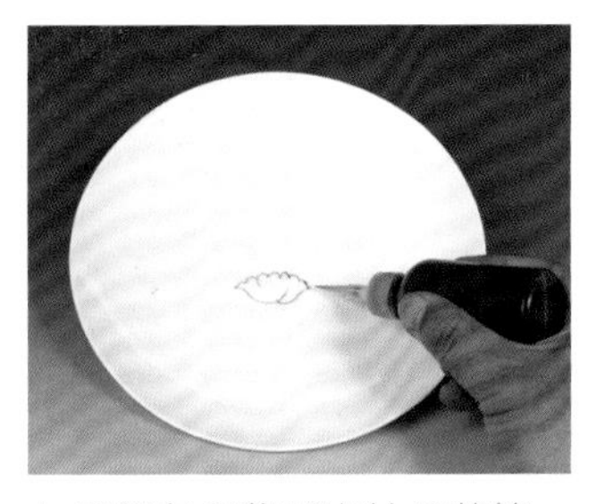

1. 用黑色果酱画出牡丹花第一片叶子。

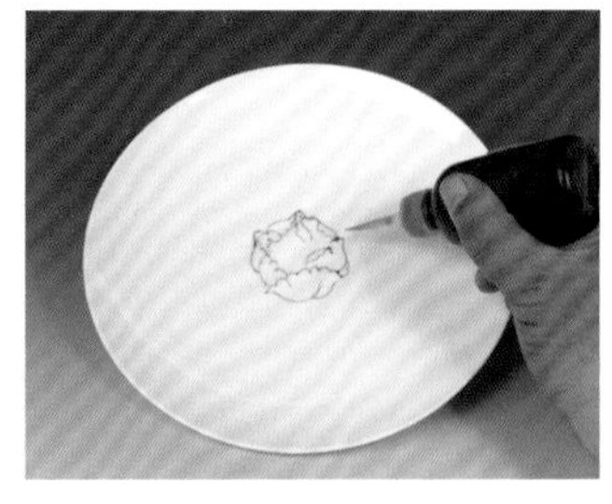

2. 画出围绕花蕊的一圈花瓣。

3. 再画出一圈向外张开的花瓣。

4. 再画出几片叶子。

5. 用粉色果酱画出花瓣根部。

6. 用透明色果酱将花瓣其余部分涂满，在两种颜色之间反复勾抹，使颜色过渡自然。

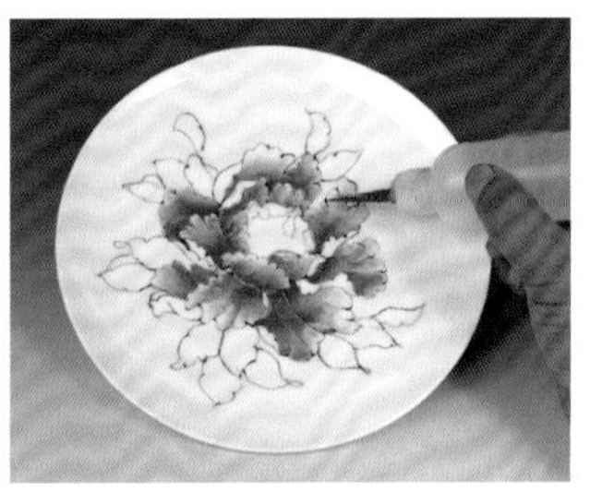

7. 画出所有花瓣的正面。

8. 再画出花瓣的背面。

9. 用紫红色果酱画出花蕊部分。

10. 在花蕊撒一些小米作雄蕊。

11. 用绿色果酱画出雌蕊。

12. 用墨绿色果酱画出叶子的根部。

13. 用黄色果酱画出叶子的梢部，反复勾抹，使颜色过渡自然。

14. 用黑色果酱画出叶脉。

15. 用同样方法画出每片叶子。

16. 题字“牡丹缘”，立在小架子上。

51 点乱法画牡丹

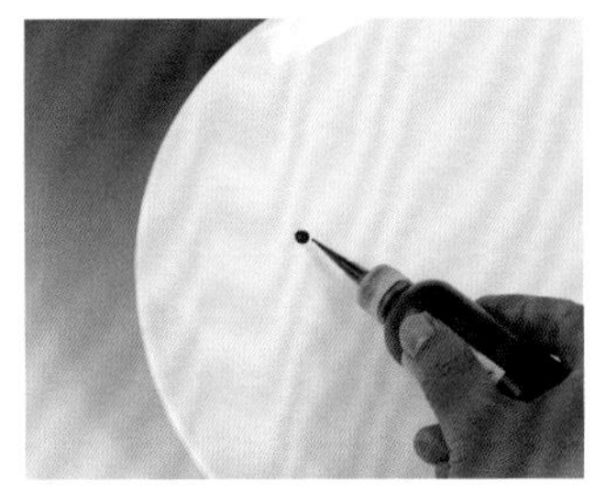

1. 挤一滴紫红色果酱在盘边。

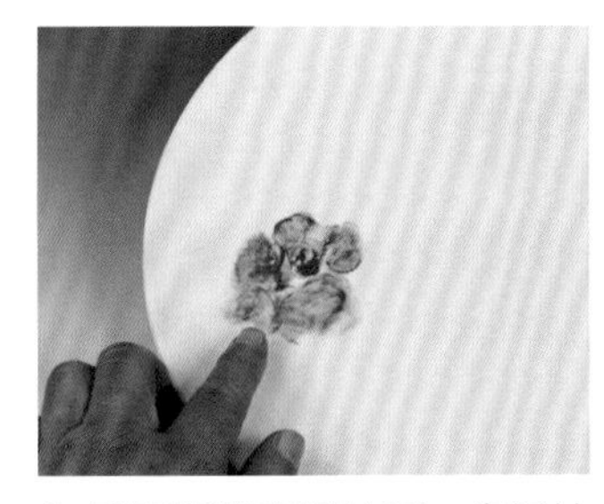

2. 用手指随意揉抹开，多揉抹一会。

3. 在花蕊多挤点果酱，向上方略抹两下。

4. 撒几粒小米作雄蕊。

5. 挤几滴绿色果酱作雌蕊。

6. 同样方法揉抹出一朵半开的花。

7. 画出花蕊。

8. 用灰色果酱画出花枝。

9. 用草绿色果酱抹出几片叶子。

10. 用棕黑色果酱画出叶脉。

11. 挤两滴蓝色果酱。

12. 用手指抹一下即为鸟头。

13. 同样方法抹出鸟身、翅膀。

14. 用橙色果酱画出鸟的腹部。

15. 用黑色果酱画出鸟的眼、嘴、翅膀等，翅膀用毛笔画效果会好一些。

16. 题诗“风暖鸟声碎，日高花影重”。

52 野花小鸭

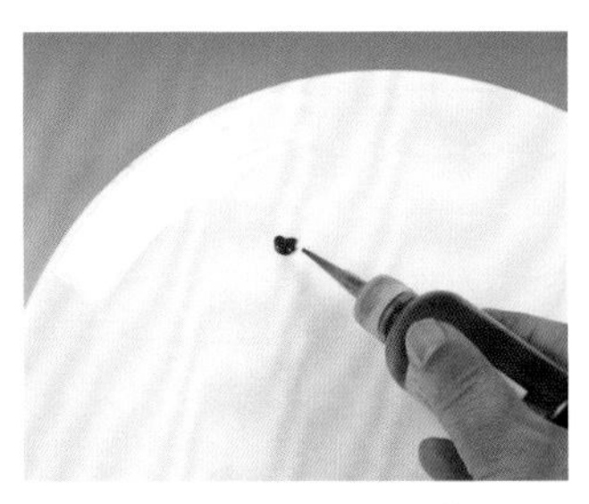

1. 在盘边挤一点红色果酱。

2. 用手指反复揉抹出花的形状。

3. 在花蕊再挤一点果酱。

4. 向右下方擦抹两下。

5. 同样方法画出一朵淡紫色的花。

6. 用草绿色果酱抹出几片叶子。

7. 用棕黑色果酱画出叶脉，再画出花枝。

8. 用黄色果酱和绿色果酱画出花蕊。

9. 画出一只小鸭，题诗“寂寞野花春独好，无人栽培自能红”。

53 过雨荷花香满院

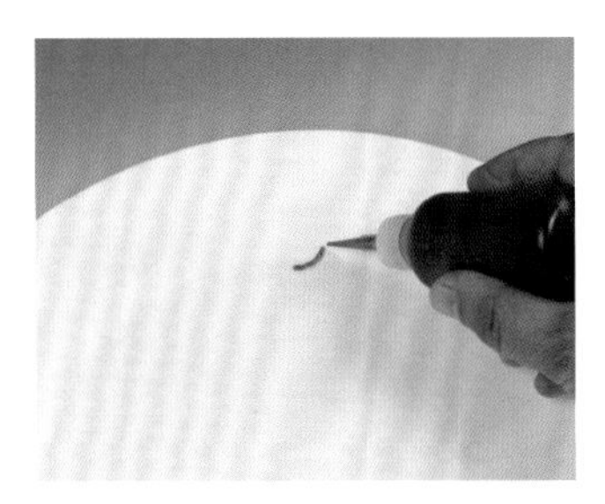

1. 用绿色果酱画一弧线。

2. 向下擦抹出渐变效果，然后用黑色果酱画出莲蓬。

3. 挤一滴粉色果酱。

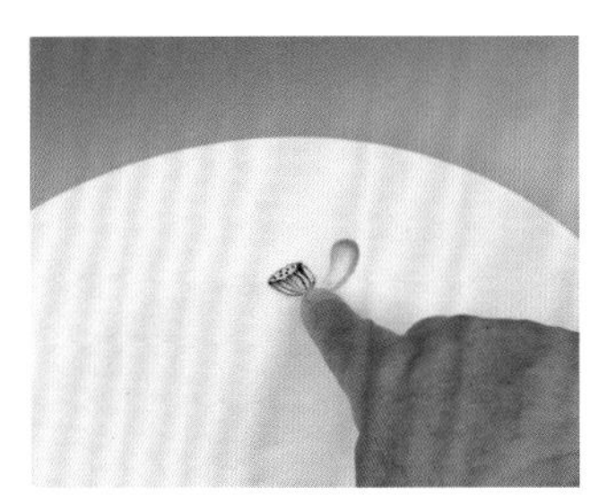

4. 抹出弯曲的荷花瓣。

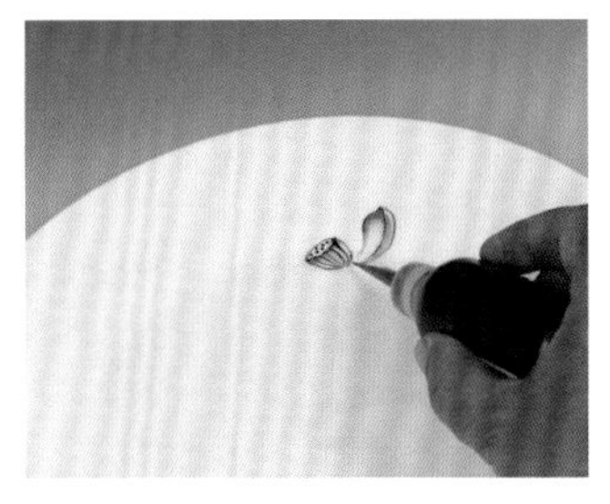

5. 用黑色果酱勾画出花瓣。

6. 同样方法抹出另外几片花瓣。

7. 用黑色果酱勾画出花瓣。

8. 用棕色和黑色果酱画出莲蓬周围的花丝。

9. 用灰色、黑色果酱画出茎和刺，题诗“过雨荷花香满院”。

54 分染法画荷花

1. 用黑色果酱画出花瓣。

2. 用粉色、紫红色、透明色果酱画出渐变的花瓣效果。

3. 用黄色和紫红色果酱画出花蕊。

4. 用灰色果酱画出花茎。

5. 用墨绿色果酱画出一段曲线，向下抹出一部分荷花叶。

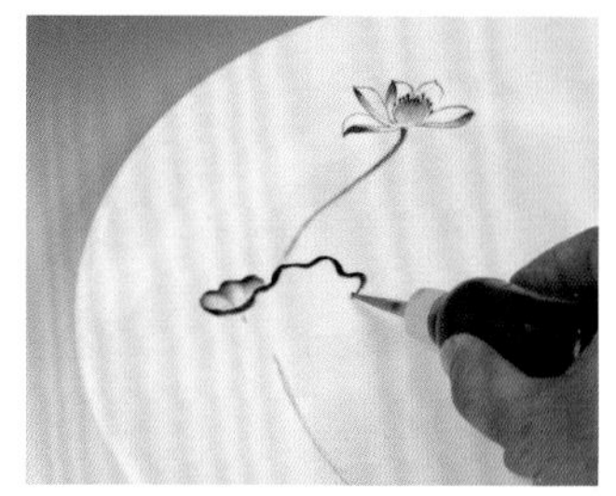

6. 再画出一段墨绿色曲线。

7. 向下抹出荷叶。

8. 用黑色果酱画出荷叶脉，再画出茎和刺。

9. 题词“荷花绽，十里香风散”。

55 荷花小鸭

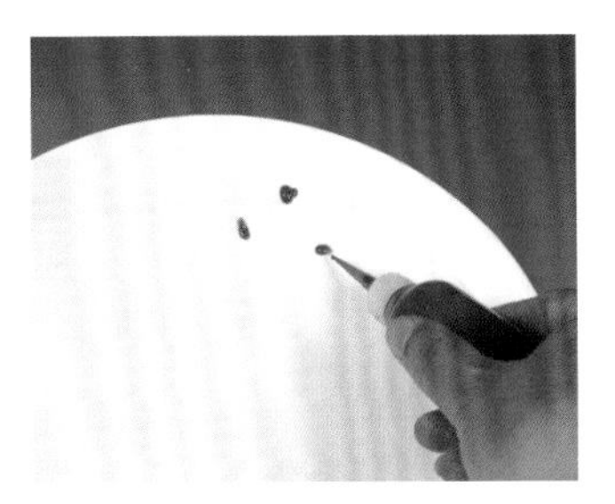

1. 在盘边挤三滴粉色果酱。

2. 用手指抹出花瓣

3. 用粉色或紫红色果酱勾画出花瓣。

4. 用绿色和黑色果酱画出莲蓬、花丝。

5. 用灰色和黑色果酱画出茎。

6. 用灰色、黑色果酱画出小鸭，用橘红色果酱画出小鸭的嘴。

7. 题诗“十里香风吹不断，谁家小鸭拨清波”。

（三）鸟类

56 喜上眉梢

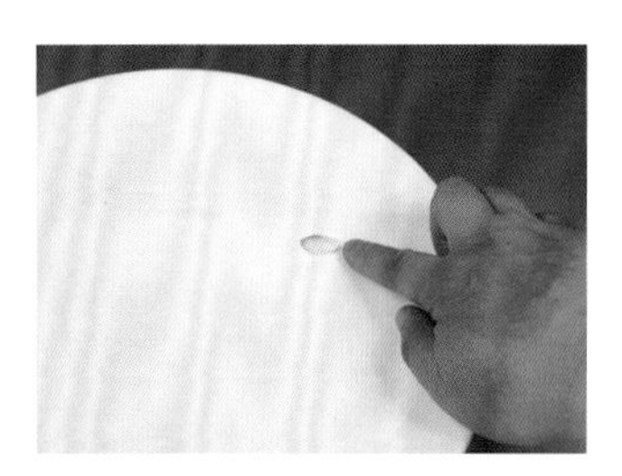

1. 挤一滴蓝色果酱，然后用手抹出鸟的头部。

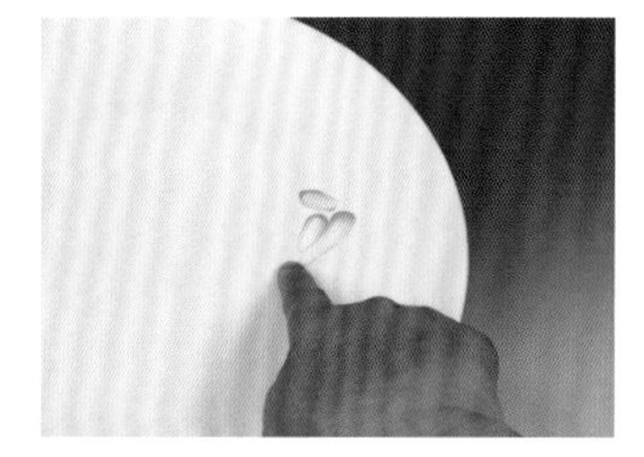

2. 再挤两滴果酱，用手抹出鸟的两只翅膀。

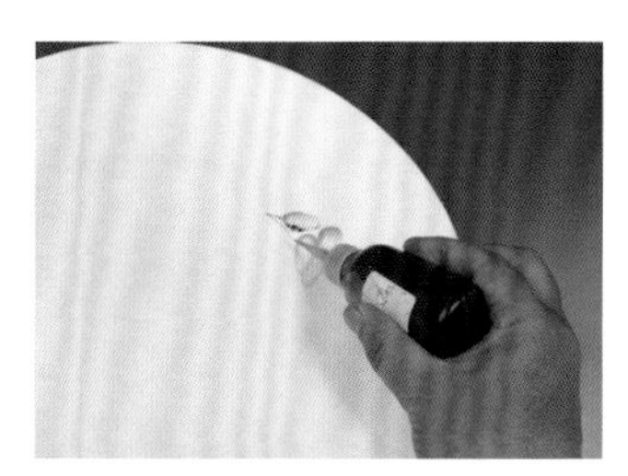

3. 用黑色果酱画出鸟的眼睛和嘴。

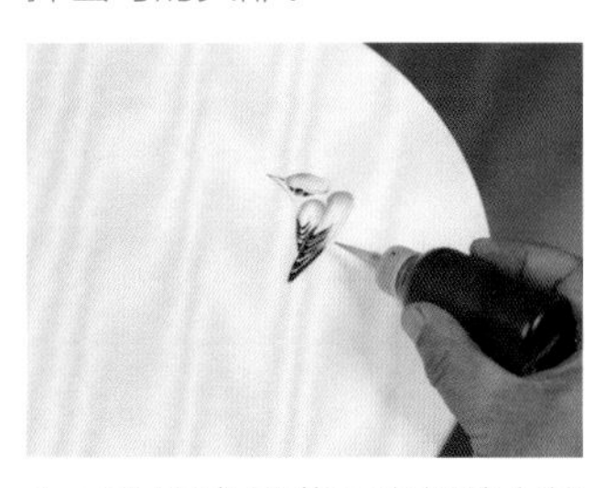

4. 再用黑色果酱画出翅膀上的羽毛。

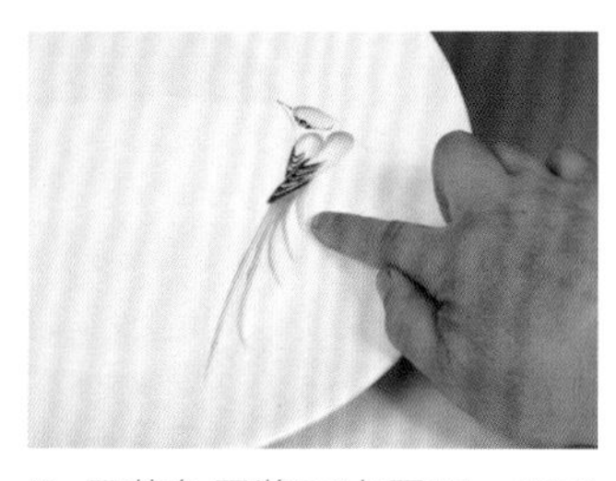

5. 用蓝色果酱画出尾巴，用手抹一下。

6. 用黑色果酱画出腹部曲线、腿、爪。

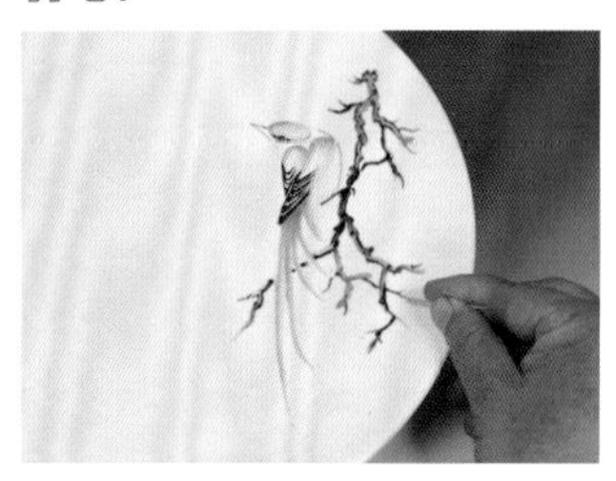

7. 用棕黑色果酱画出树枝，用棉签杆擦一下。

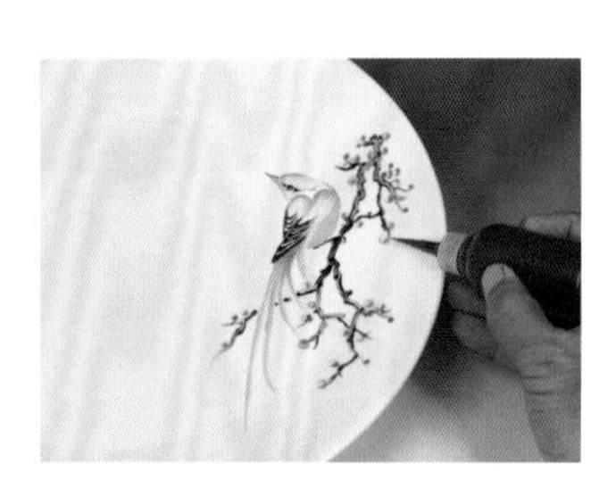

8. 用粉色果酱画出小花。

9. 题字“喜上眉梢”。

57 极简鸟

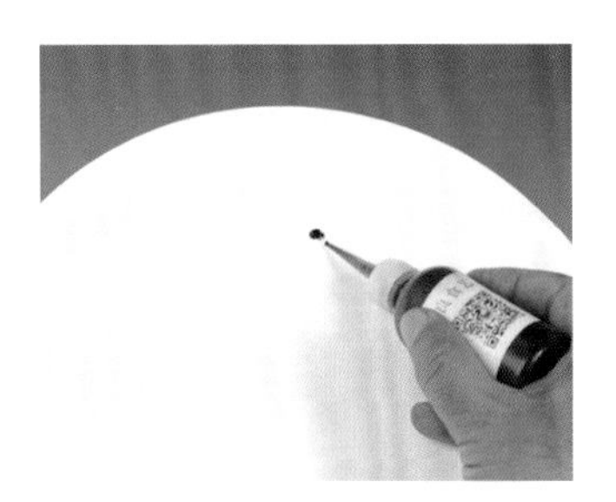

1. 挤一滴棕黑色果酱。

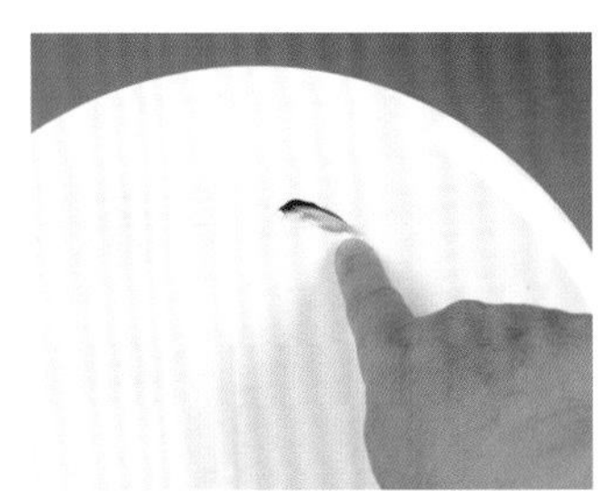

2. 用手指向右侧抹出鸟头。

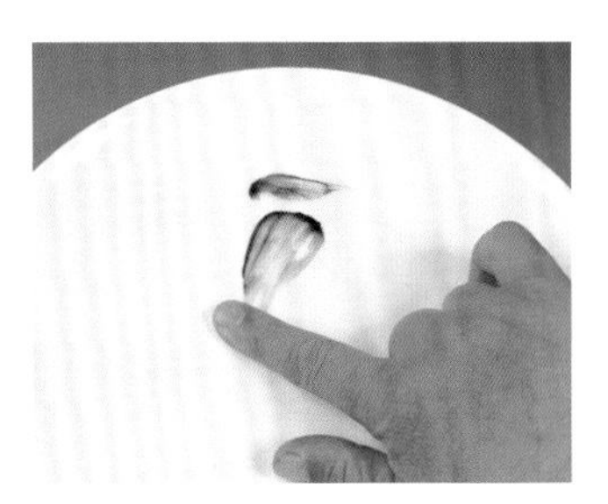

3. 再挤出一段棕黑色果酱，向左下方抹出鸟身。

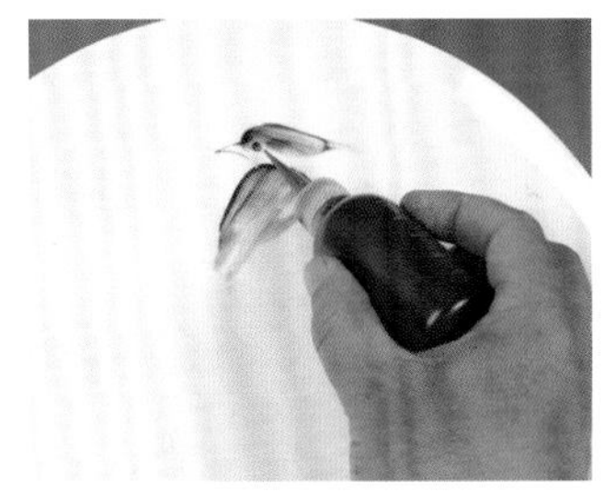

4. 用黑色果酱画出眼睛、嘴。

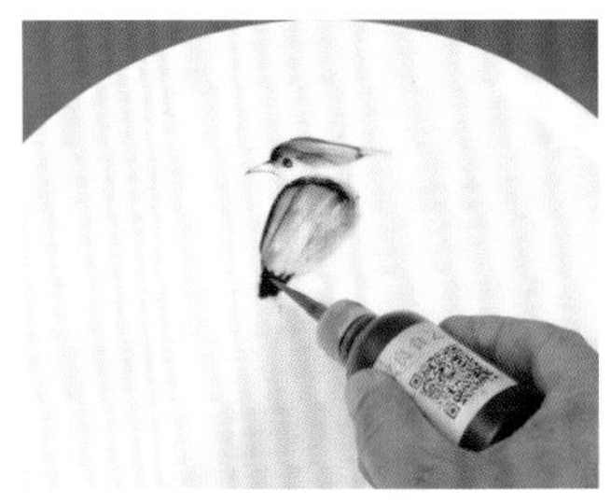

5. 在尾部挤出黑色果酱。

6. 向下抹出鸟尾。

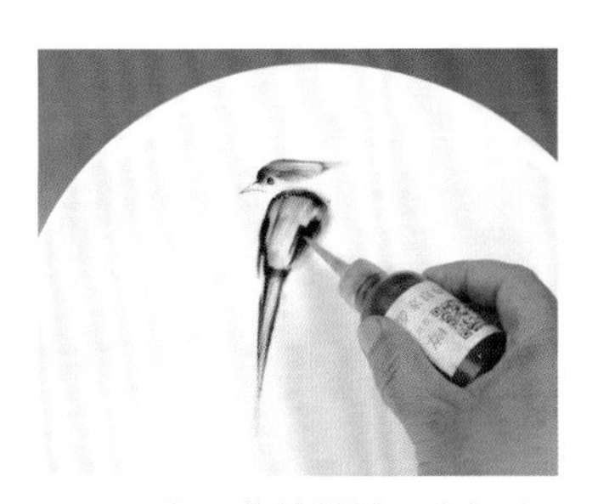

7. 用黑色果酱简单地画出翅膀。

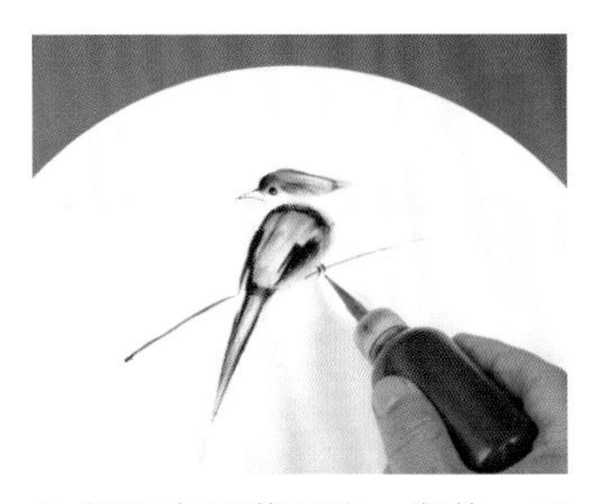

8. 用黑色果酱画出一条线，再画出鸟爪。

9. 题诗“春去花还在，人来鸟不惊”。

58 三抹鸟

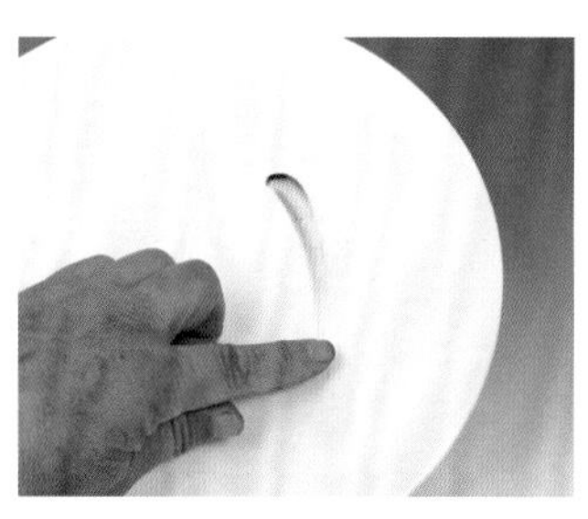

1. 挤一滴墨绿色果酱，用手指向右下方抹一下。

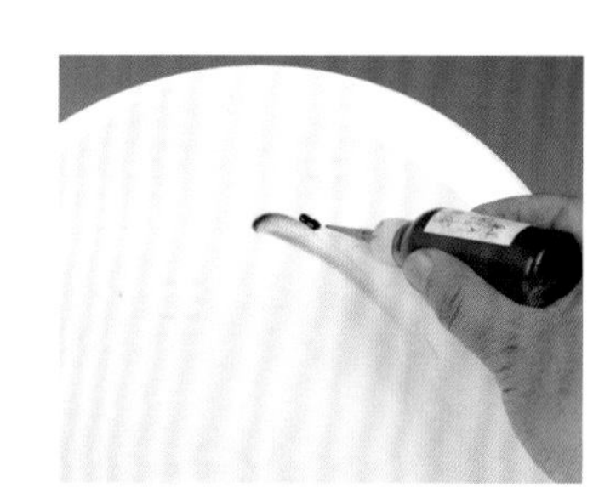

2. 再挤出一段果酱。

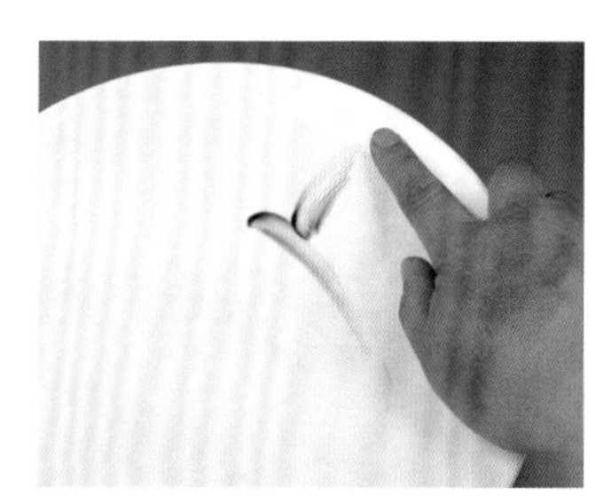

3. 向右上方抹出翅膀。

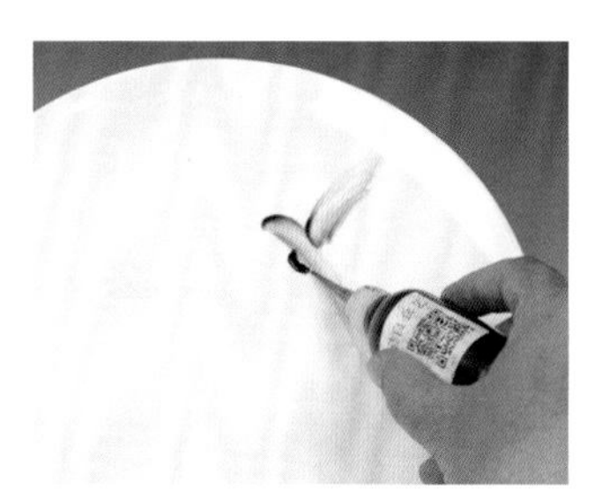

4. 再挤出一段果酱。

5. 抹出另一个翅膀。

6. 用黑色果酱画出眼睛和嘴，再画出腹部曲线和鸟爪。

7. 用墨绿色果酱画出翅膀上的羽毛。

8. 再画出鸟尾。

9. 题诗“一夜飞度镜湖月”。

59 四抹鸟

1. 在盘边挤一滴红色果酱。

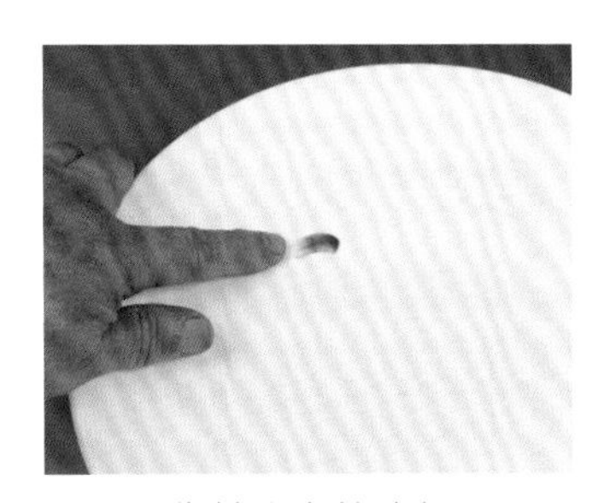

2. 用手指抹出鸟的头部。

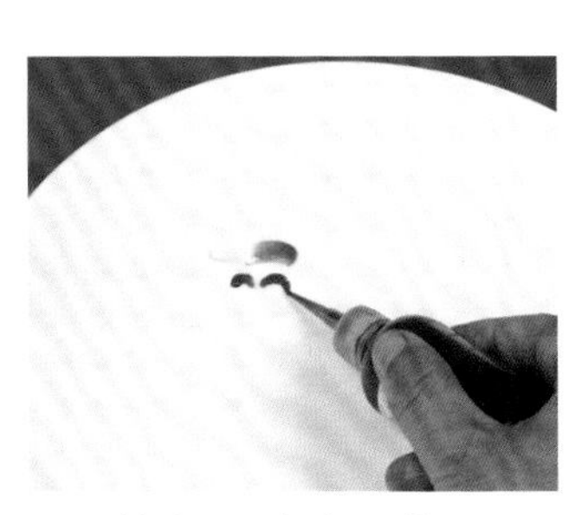

3. 再挤出两段红色果酱。

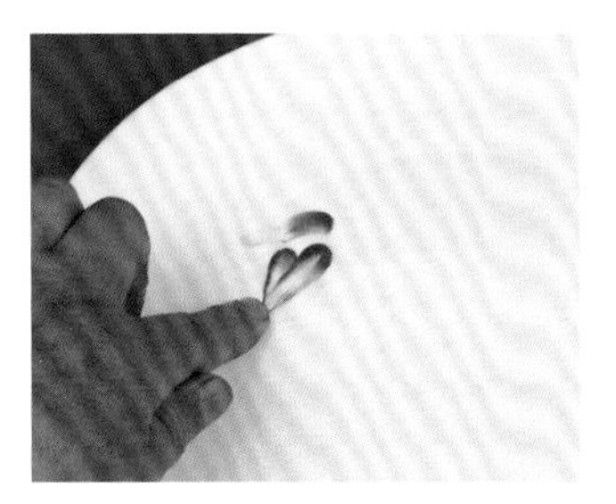

4. 抹出翅膀。

5. 用黑色果酱画出眼睛，再画出嘴、腹部和爪。

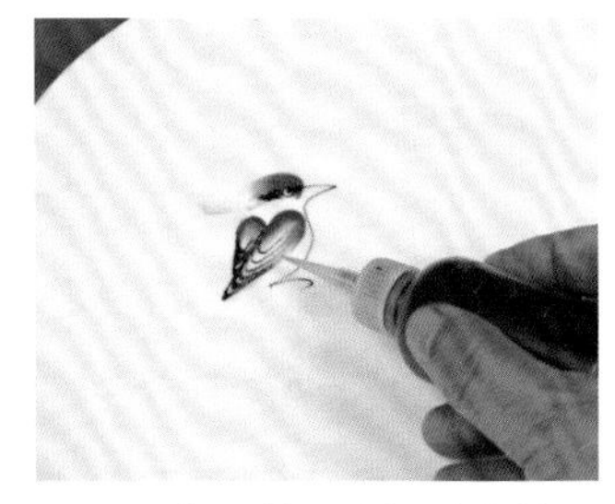

6. 用黑色果酱画出翅膀上的羽毛。

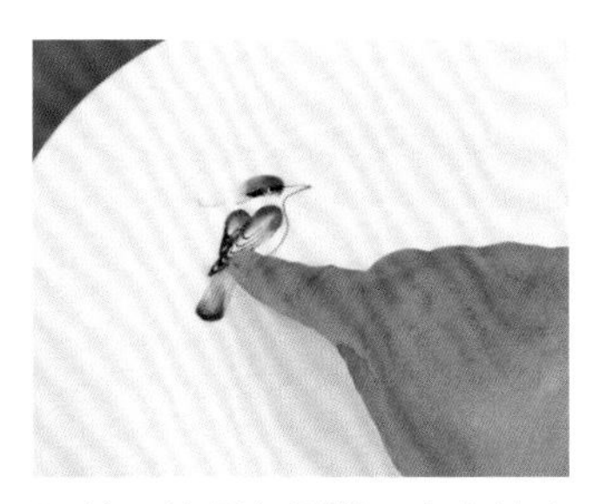

7. 挤一滴黑色果酱，向上抹出鸟尾。

8. 用棕黑色果酱画出树枝，再用棉签杆擦出枯干效果。

9. 题诗“木落雁南度，北风江上寒”。

60 晚春石上鸟

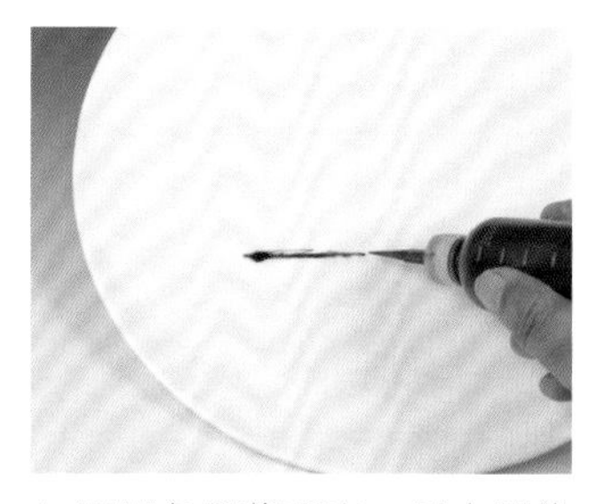

1. 用黑色果酱画出一段水平线段。

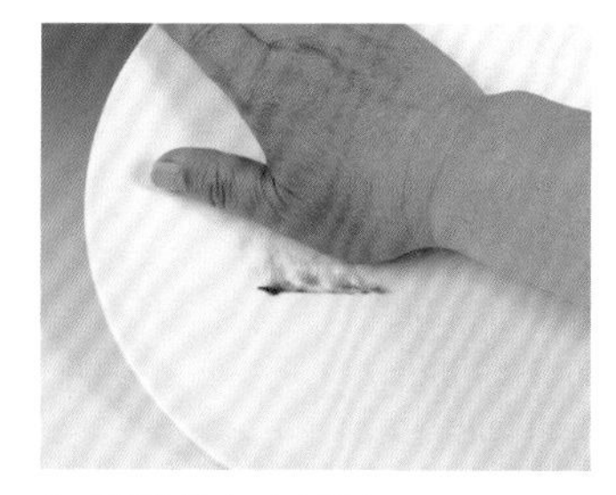

2. 用手掌向上擦抹。

3. 再用黑色果酱画出小山石。

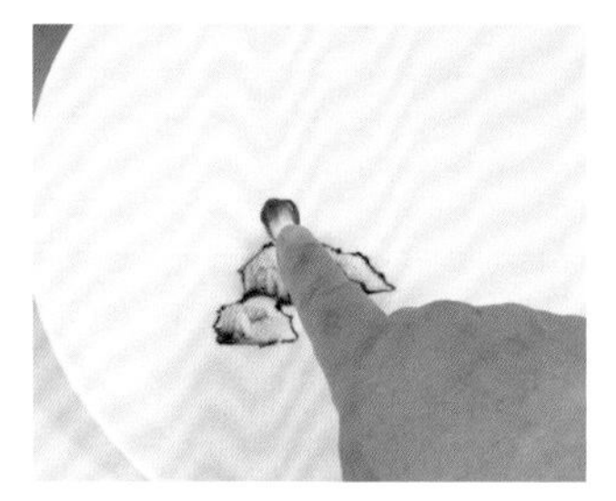

4. 挤一滴红色果酱，抹出小鸟的身体。

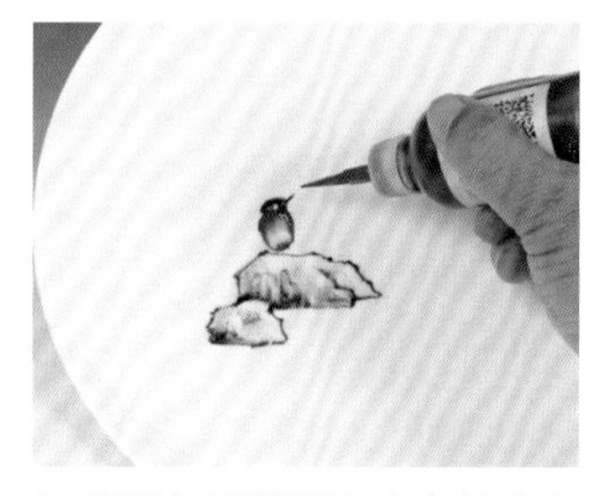

5. 用黑色果酱画出小鸟的头和嘴。

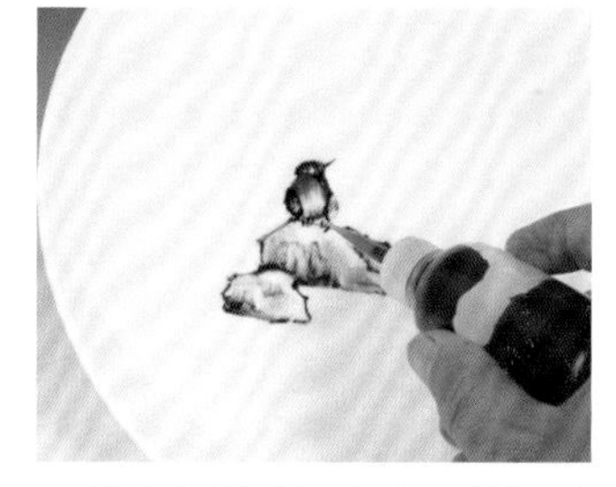

6. 用黑色果酱画出小鸟的翅膀和爪。

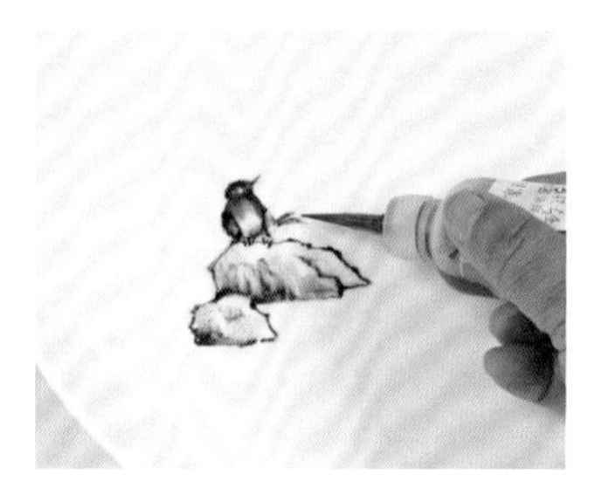

7. 再用红色果酱画出鸟尾。

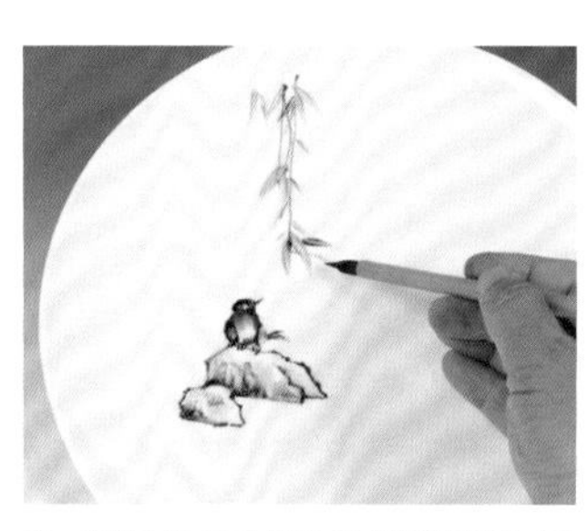

8. 用黑色和草绿色果酱画出树枝和树叶。

9. 题诗“绿暗红稀春已暮”。

61 双抹荷花鸟

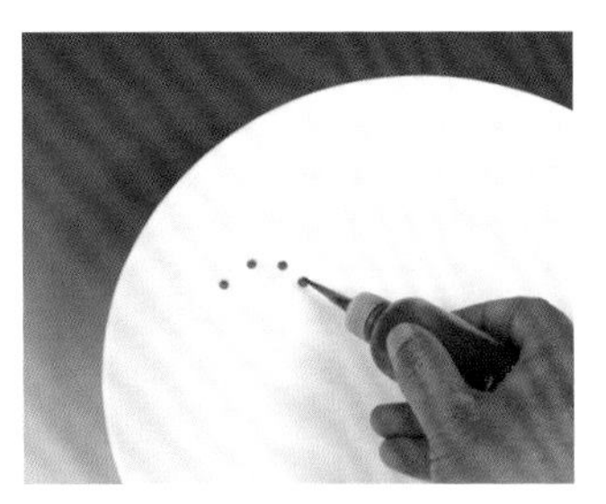

1. 在盘边挤几滴粉色果酱。

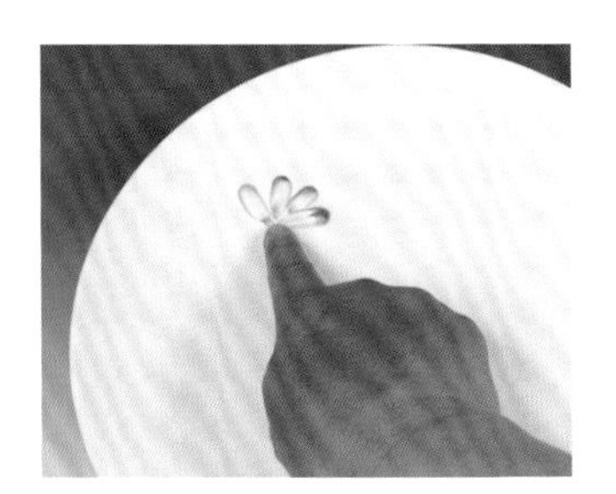

2. 用手指抹出花瓣。

3. 同样方法抹出几片紫红色花瓣。

4. 用灰色果酱画出花茎，黑色果酱画出花蕊。

5. 挤三滴草绿色果酱。

6. 抹出鸟的头、翅膀。

7. 用黑色果酱画出鸟的眼、嘴、腹和爪。

8. 用黑色果酱画出茎上的刺，用草绿色果酱抹出尾巴，用黑色果酱画出翅膀上的羽毛。

9. 题诗“六朝如梦鸟自啼”。

62 竹报平安

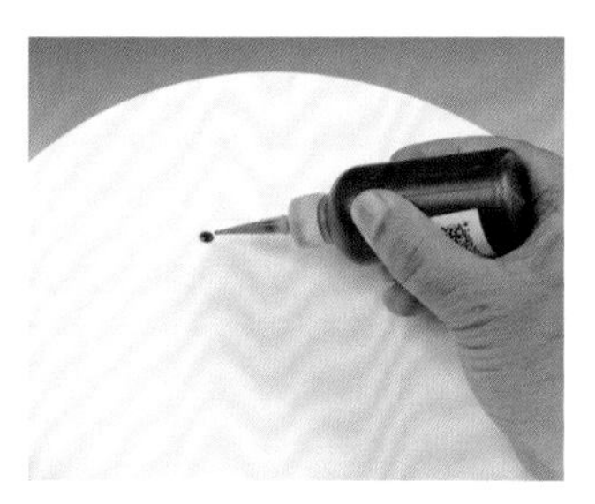

1. 挤一滴棕色果酱。

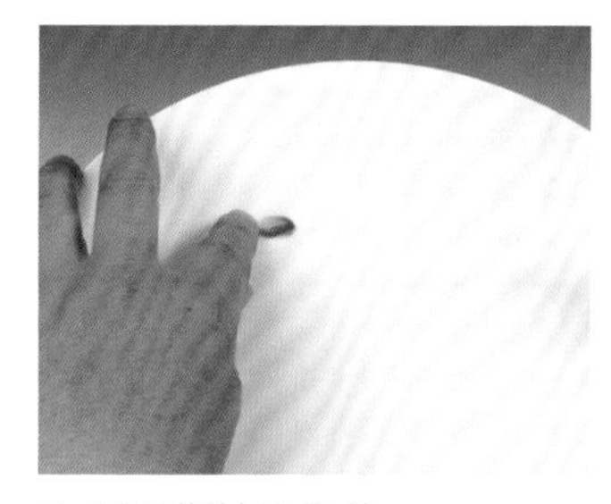

2. 用手指抹出鸟头。

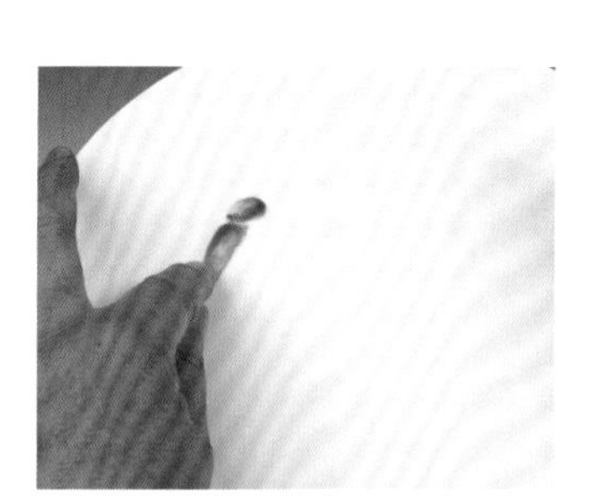

3. 再挤一滴棕黄色果酱，抹出鸟背。

4. 用黑色果酱画出鸟的眼、嘴。

5. 用灰色果酱画出腹部，棕色果酱画出鸟尾。

6. 用黑色果酱画出翅膀。

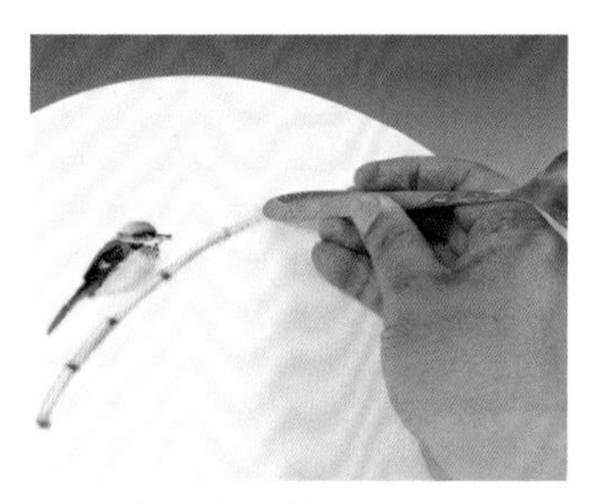

7. 用草绿色果酱画出竹子，用勺柄（或刀尖）刮出竹节。

8. 用黑色果酱画出鸟爪，用毛笔蘸草绿色果酱画出竹叶。

9. 题诗“竹密花深鸟自啼”。

63 鸟栖红叶树

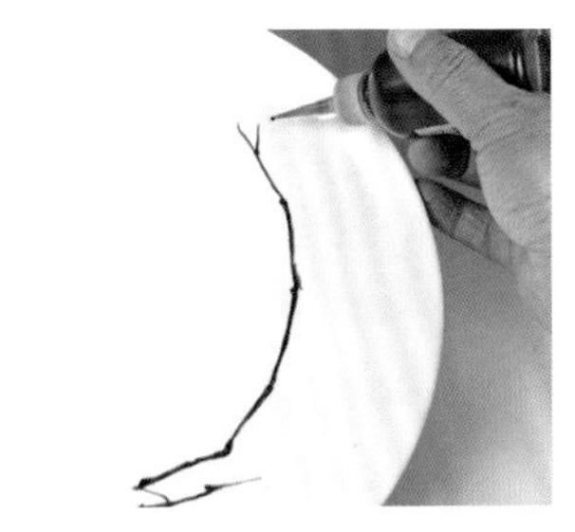

1. 用棕黑色果酱画出树枝。

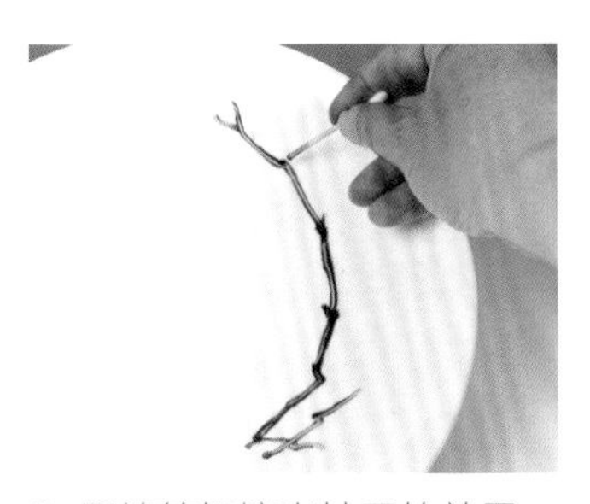

2. 用棉签杆擦出枯干的效果。

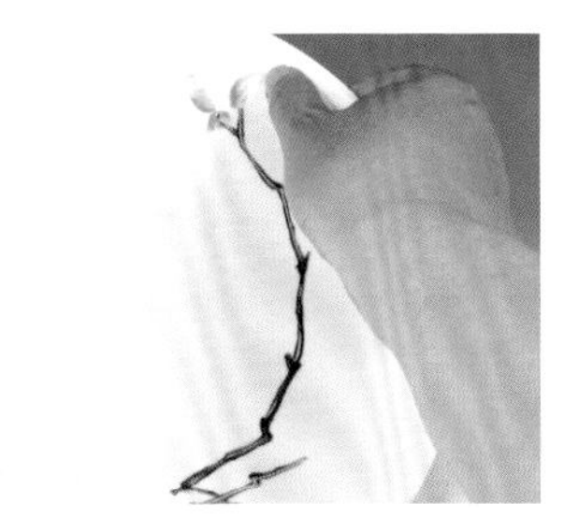

3. 用橙黄色果酱抹出叶子。

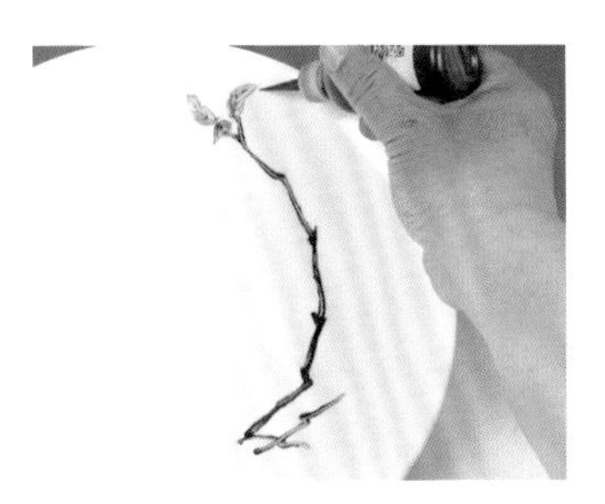

4. 用黑色果酱画出叶脉。

5. 用棕色、红色、橙色果酱再画出几片叶子。

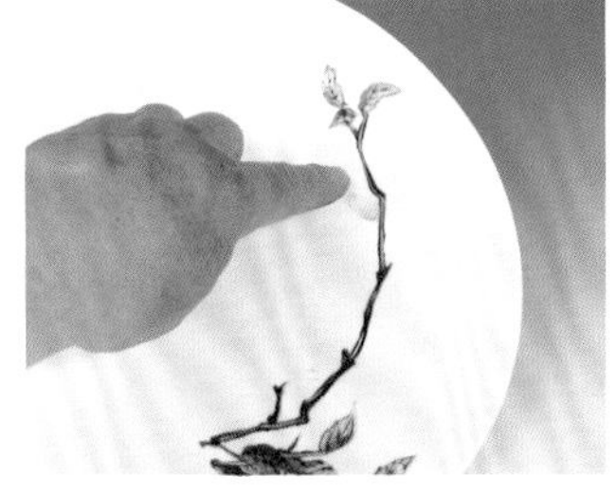

6. 挤一滴蓝色果酱，抹出小鸟的身体。

7. 用黑色果酱画出鸟头。

8. 再画出小鸟的嘴、爪、翅膀和尾巴。

9. 题诗“鸟栖红叶树，月照青苔地”。

64 雄鸡一唱天下白

1. 用黑色果酱画出公鸡的眼睛。

2. 用黑色果酱画出嘴，换灰色果酱画出脖颈。

3. 用红色果酱画出鸡冠、肉髯和脸。

4. 用黑色果酱画出腹部和大腿，再用手指抹一下。

5. 用黑色果酱画尾部。

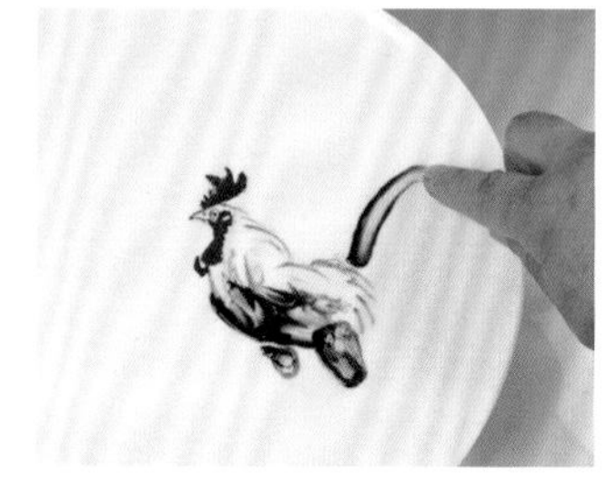

6. 用手指抹出最长的尾翎。

7. 再抹出几根短尾翎。

8. 用黑色果酱画出鸡爪。

9. 用黄色果酱涂鸡嘴和鸡爪，题诗“雄鸡一唱天下白”。

65 落梅

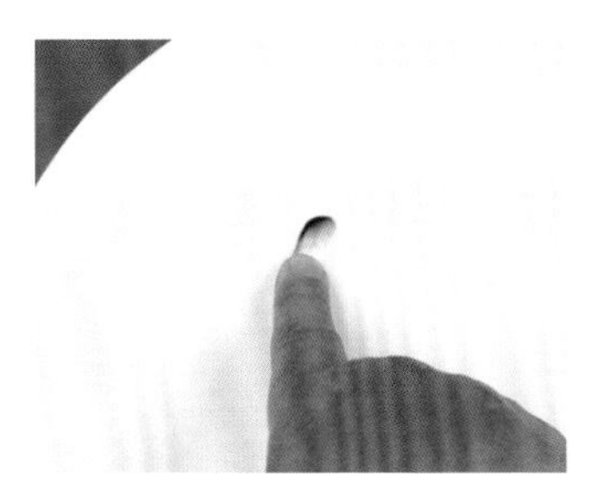

1. 挤一滴蓝色果酱，抹出鸟头。

2. 用黑色果酱画出鸟的嘴、眼。

3. 再挤一滴蓝色果酱，抹出鸟背。

4. 挤两滴草绿色果酱，抹出鸟的身体。

5. 用黑色果酱画出翅膀和脖颈上的黑环。

6. 用蓝色果酱画出鸟尾巴。

7. 用灰色果酱画出腹部，黑色果酱画出腿、爪。

8. 用黑色、灰色果酱画出树枝。

9. 用红色、黑色果酱画出几朵梅花，黄色果酱涂鸟嘴。题诗“借问落梅凡几曲”。

66 蓝秋鸟

1. 挤一滴蓝色果酱。

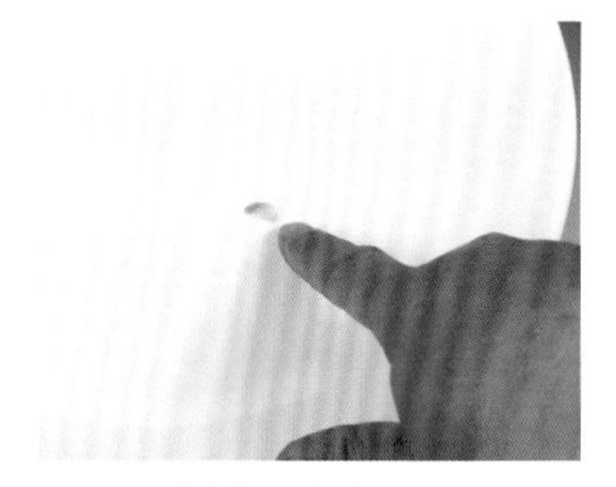

2. 用手指抹出鸟头。

3. 用黑色果酱画出眼、嘴。

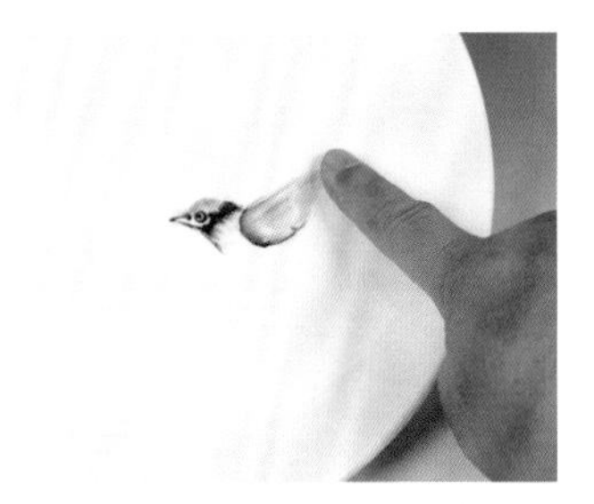

4. 挤一滴黑色果酱，再挤一滴蓝色果酱，用手抹出翅膀。

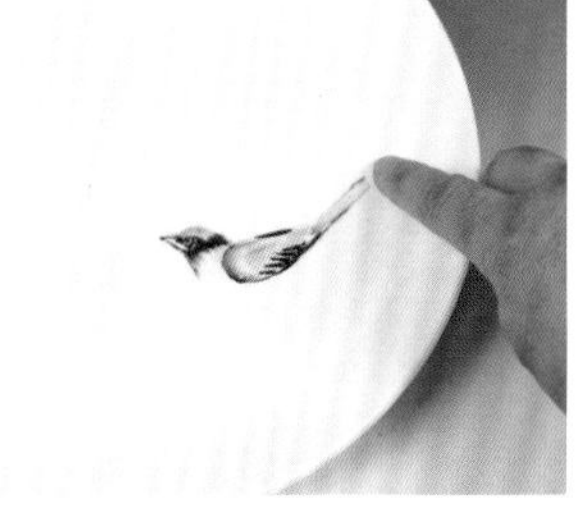

5. 用黑色果酱画出翅膀上的羽毛，再用黑色果酱抹出鸟尾。

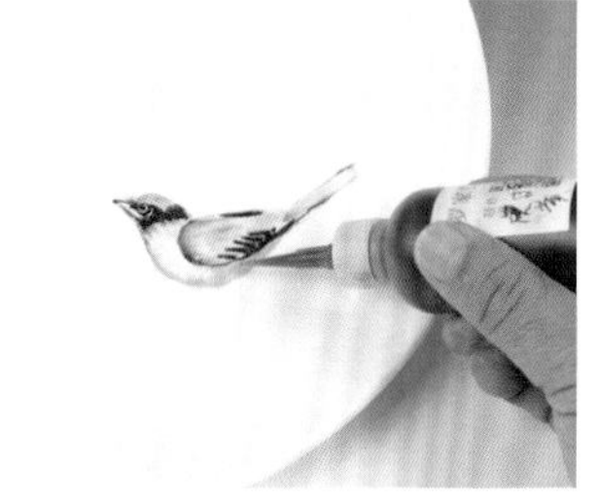

6. 用虎皮黄色果酱画出腹部。

7. 再用棕黑色果酱画出腿、爪。

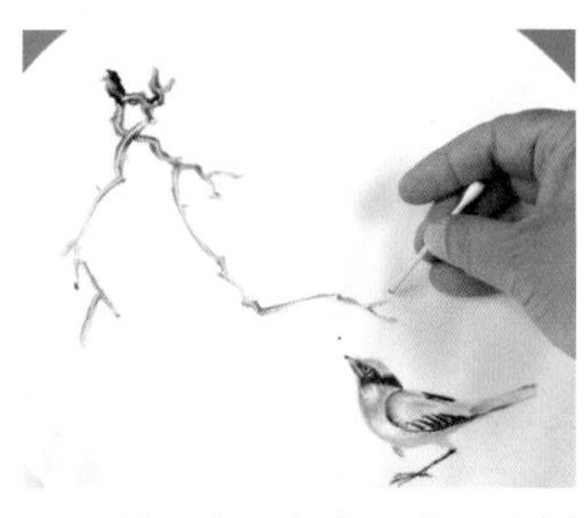

8. 用棕黑色和灰色果酱画出树枝，用棉签杆擦一下。用虎皮黄色果酱涂鸟嘴。

9. 在树枝上画几颗红果，题词“冉冉秋光留不住，满阶红叶暮”。

67 天寒水鸟自相依

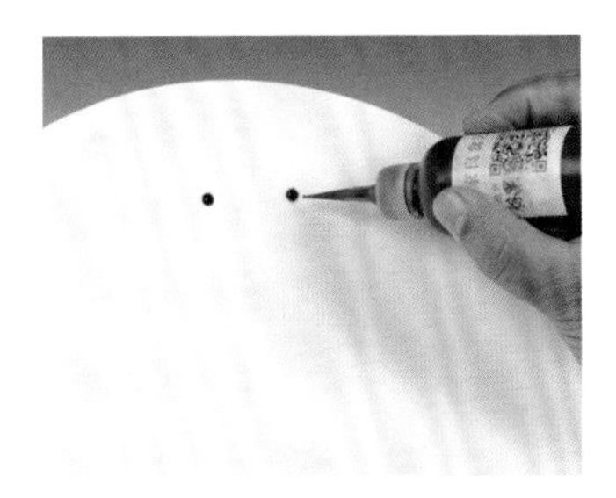

1. 在盘边挤两滴棕黑色果酱。

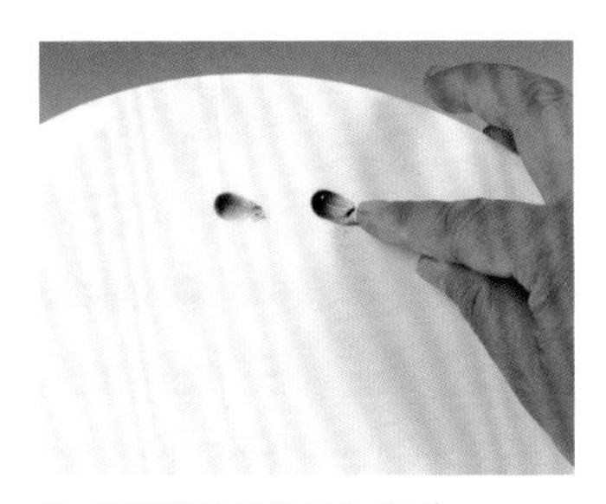

2. 用手指抹出两个鸟头。

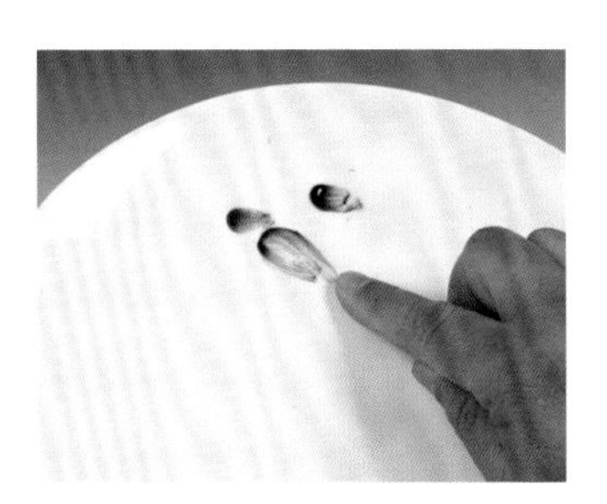

3. 再挤一点棕黑色果酱，抹出鸟身。

4. 用黑色果酱画出嘴、眼。

5. 用灰色果酱画出腹部。

6. 用棕黑色果酱画出翅膀。

7. 用深灰色果酱画出尾。

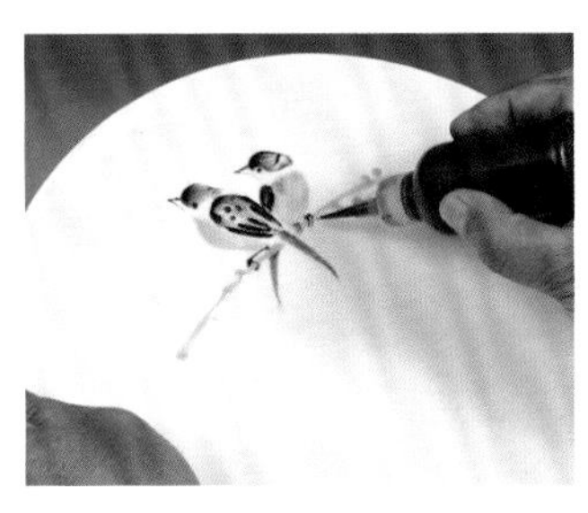

8. 用灰色果酱画出树枝，黑色果酱画出腿、爪。

9. 题诗“天寒水鸟自相依”。

68 莲蓬小鸟

1. 挤一滴蓝色果酱，抹出鸟的头部。

2. 同样方法抹出鸟的翅膀。

3. 用黑色果酱画出眼、嘴、腹部曲线。

4. 用黑色果酱画出翅膀上的羽毛。

5. 用蓝色果酱抹出鸟尾。

6. 用黄色和透明色果酱画出腹部。

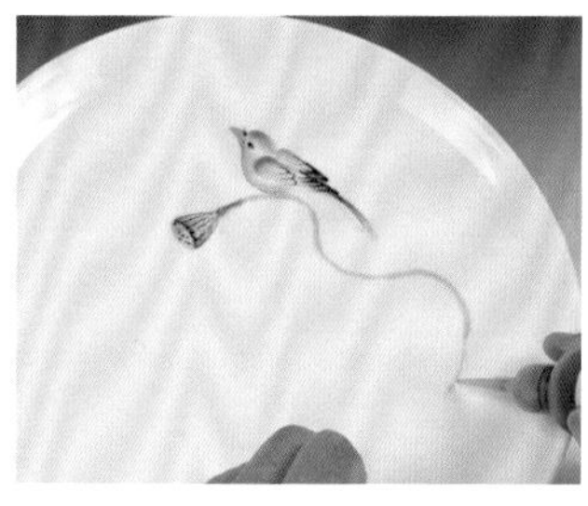

7. 用绿色果酱、黑色果酱和灰色果酱画出莲蓬、荷茎。

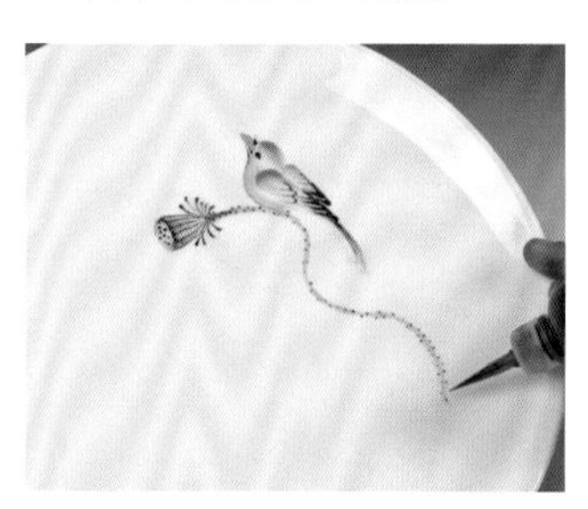

8. 用紫红色果酱画出花丝，黑色果酱画出茎上的刺。

9. 用紫红色果酱画出鸟爪，题诗“看花临水心无事，啸志歌怀意自如”。

69 荷花小鸟

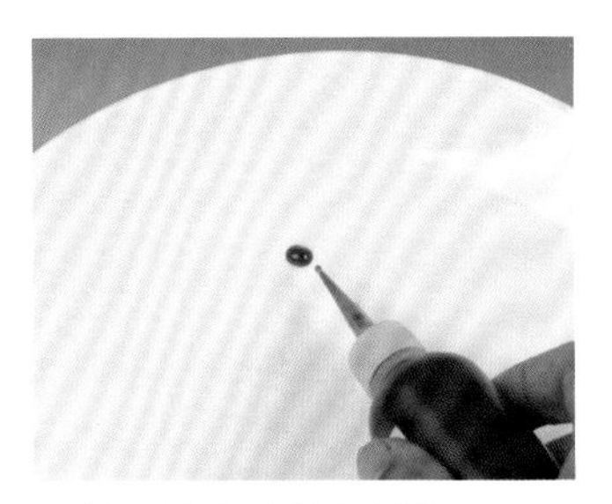

1. 挤一滴虎皮黄色果酱。

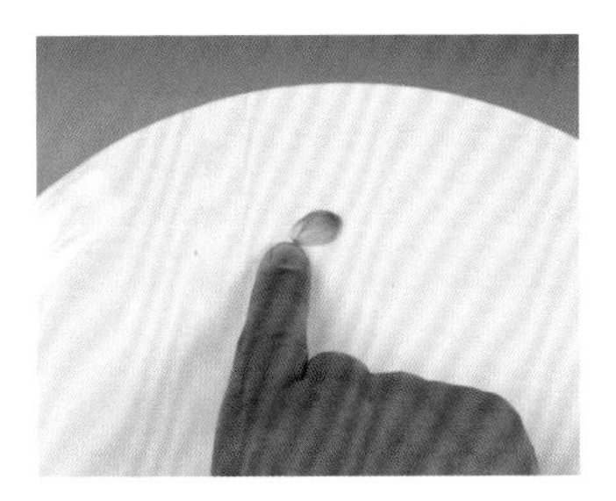

2. 用手指抹出鸟头。

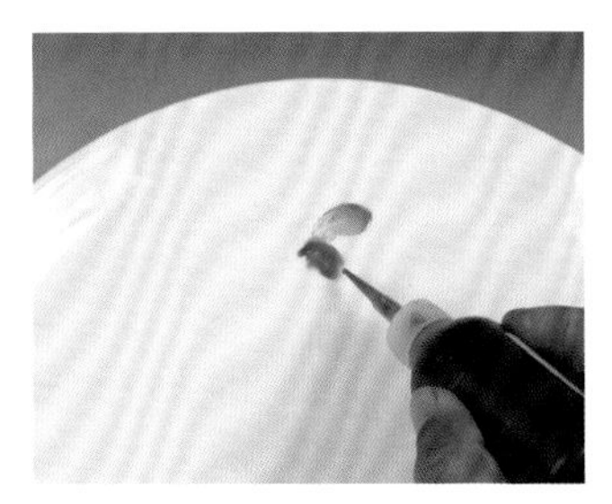

3. 再挤一大滴虎皮黄色果酱。

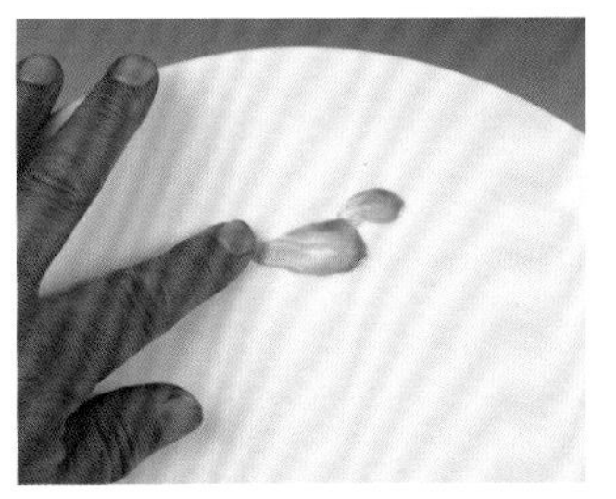

4. 用手指抹出鸟背。

5. 用黑色果酱画出眼、嘴、腹部。

6. 用黑色果酱画出翅膀上的羽毛。

7. 用棕黑色果酱画出翅膀末端。

8. 用虎皮黄色果酱抹出尾部。

9. 用黑色果酱勾画出鸟尾。

10. 用黑色、灰色、绿色果酱画出鸟爪、茎和莲蓬。

11. 挤一滴粉色果酱，抹出花瓣。

12. 用黑色果酱勾画出花瓣。

13. 用粉色果酱再抹出花瓣。

14. 用黑色果酱勾画出花瓣。

15. 用黄色、黑色果酱画出花丝和茎上的刺。

16. 鸟头和背稍涂点红色果酱。题诗“荷尽已无擎雨盖，菊残犹有傲霜枝”。

70 仙鹤

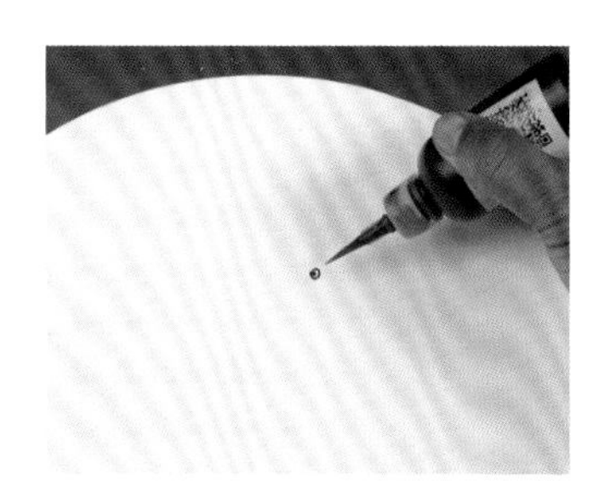

1. 用黑色果酱画出眼睛。

2. 再画出鹤嘴。

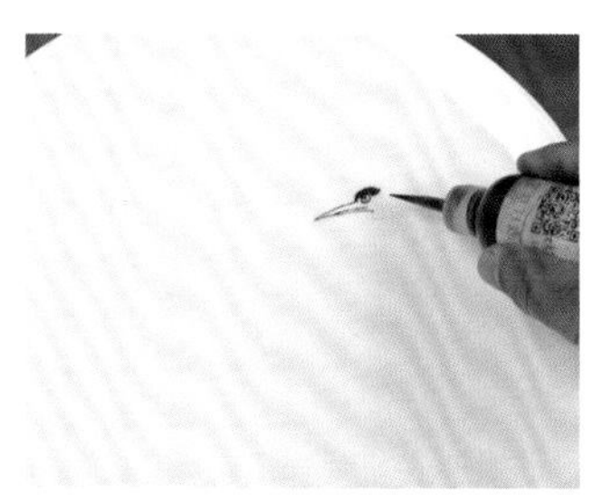

3. 用红色果酱画出头顶。

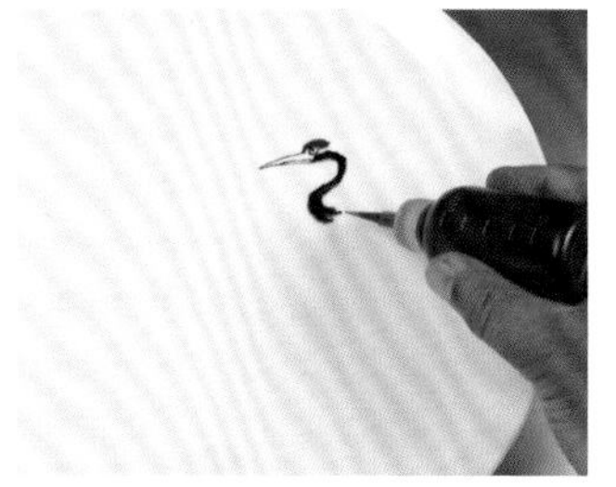

4. 用黑色果酱画出脖颈。

5. 用浅灰色果酱画出身体、大腿。

6. 用黑色果酱画出肩、尾。

7. 用黑色果酱画出小腿、爪。

8. 用黑色果酱画出枝条。

9. 用毛笔蘸草绿色果酱画几片叶子，题诗“闲云野鹤自来去，白石清泉无是非”。

71 红山鸟

1. 挤一滴橘红色果酱。

2. 用手指抹出鸟头。

3. 在鸟头前端挤一点棕色果酱，勾抹均匀。

4. 用黑色果酱画出眼、嘴。

5. 用灰色果酱画出腹部。

6. 用橘红色、棕色果酱画出背部弧线。

7. 用手指抹出背部。

8. 用黑色果酱画出翅膀上的羽毛。

9. 再将翅膀上的羽毛画黑。

10. 用棕色果酱抹出尾部。

11. 用黑色果酱勾画出尾巴。

12. 用红色果酱画出鸟爪，黑色果酱画出树枝。

13. 用草绿色果酱抹出几片叶子。

14. 用黑色果酱画出叶脉。

15. 再用黄色、黑色果酱画出小花。

16. 题诗“月出惊山鸟，时鸣春涧中”。

72 绿纹鸟

1. 在盘边挤一滴草绿色果酱。

2. 用手指抹出鸟头。

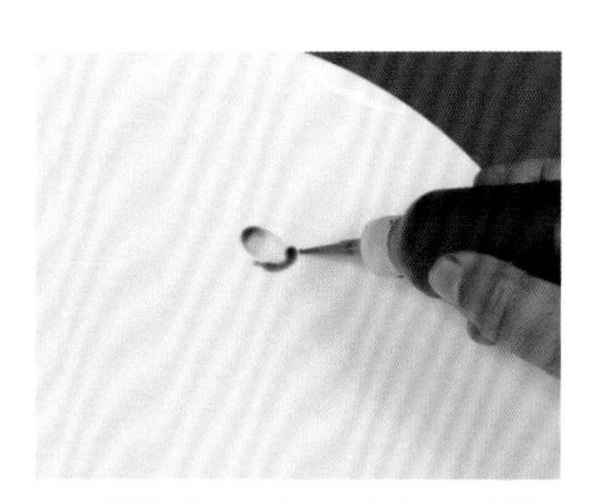

3. 用草绿色果酱画出 U 形弧线。

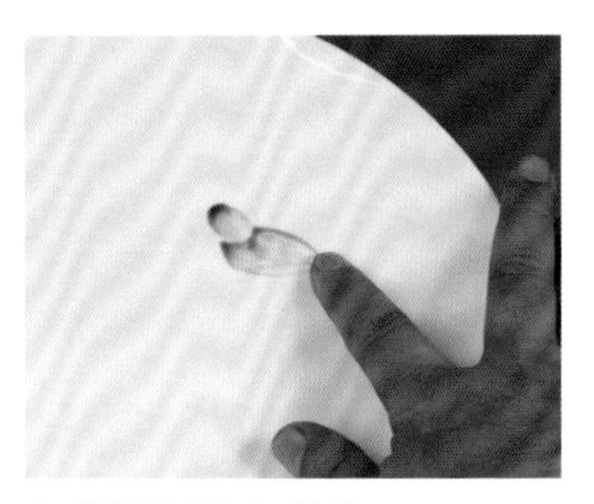

4. 用手指抹出后背。

5. 用黑色果酱画出嘴、眼和翅膀上的羽毛。

6. 用灰色果酱画出鸟的腹部。

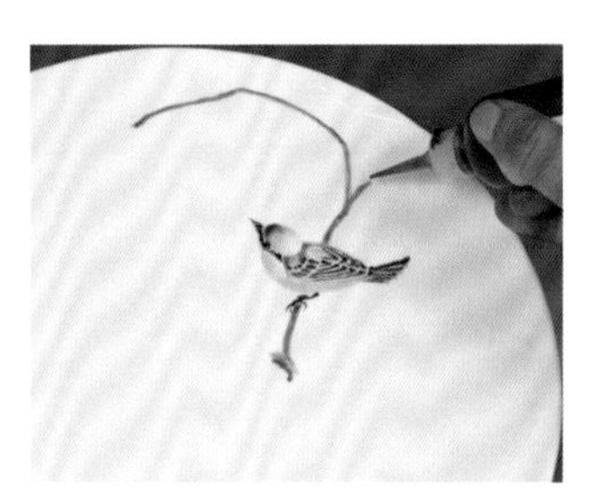

7. 用黑色果酱画出鸟爪，再用灰色果酱画出树枝。

8. 用粉色果酱抹出花瓣，用黑色果酱画出花蕊。

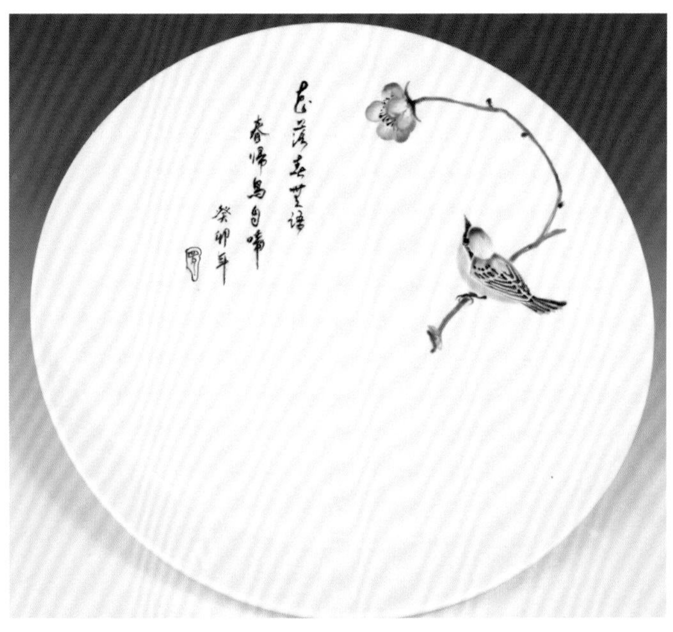

9. 题诗“花落春无语，春归鸟自啼”。

73 回头鸟

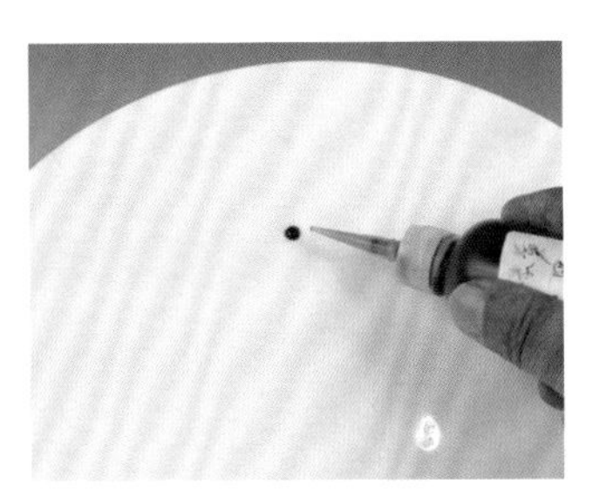

1. 挤一滴墨绿色果酱。

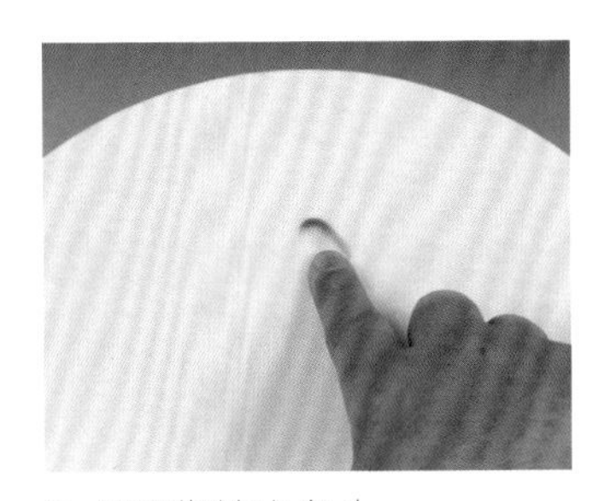

2. 用手指抹出鸟头。

3. 用黑色果酱画出眼、嘴。

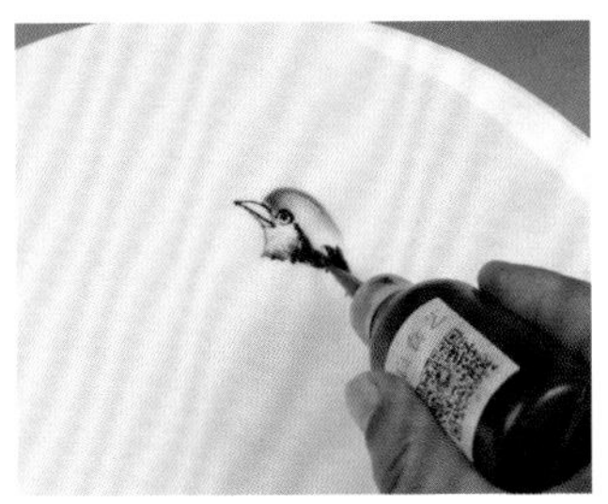

4. 用黑色、灰色果酱画出脖颈。

5. 再挤出些墨绿色果酱。

6. 抹出后背。

7. 用黑色果酱画出翅膀。

8. 用墨绿色果酱抹出尾部。

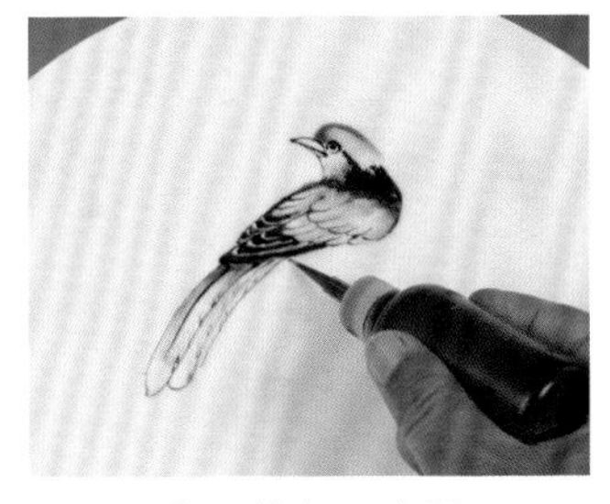

9. 用黑色果酱勾画出尾巴。

10. 用灰色、虎皮黄色果酱画出腹部。

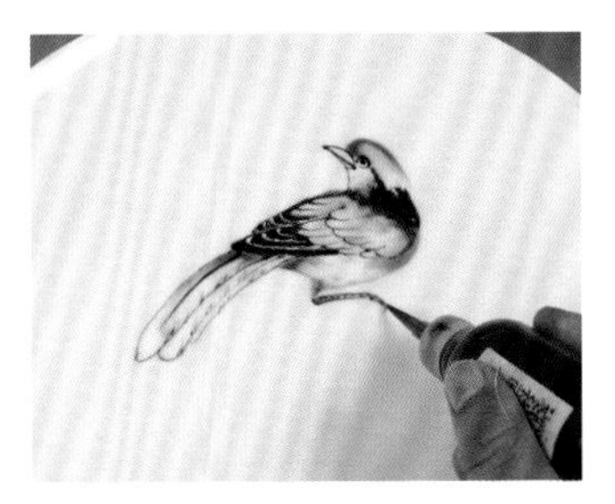

11. 用黑色果酱画出腿、爪。

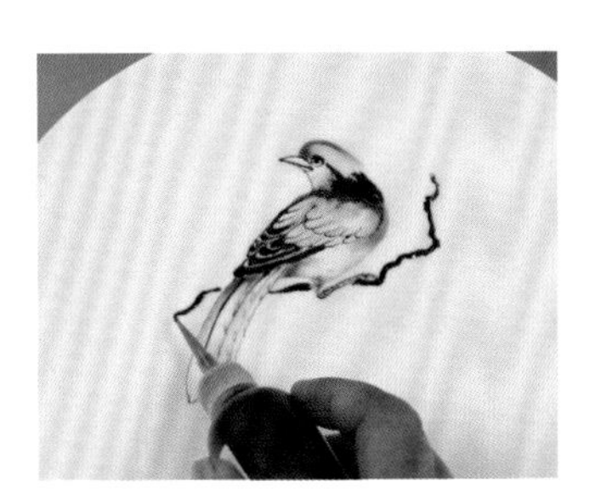

12. 用棕黑色果酱画出树枝。

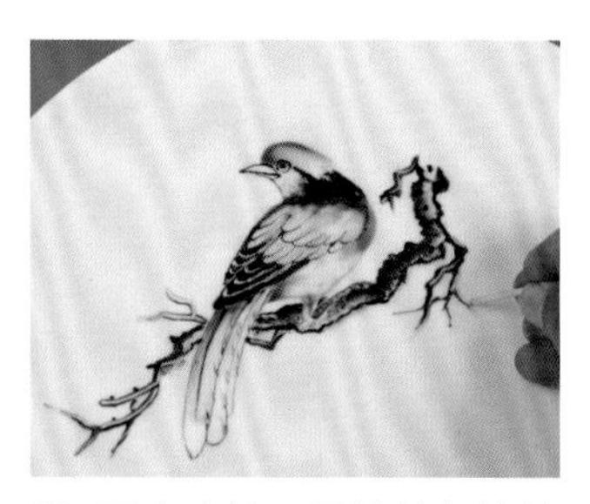

13. 画出小枝，用棉签杆擦抹一下。

14. 用粉色果酱抹出几朵小花。虎皮黄色果酱涂抹鸟嘴。

15. 用黑色果酱画出花蕊。

16. 题诗“好鸟花香春雨晴”。

74 孔雀牡丹

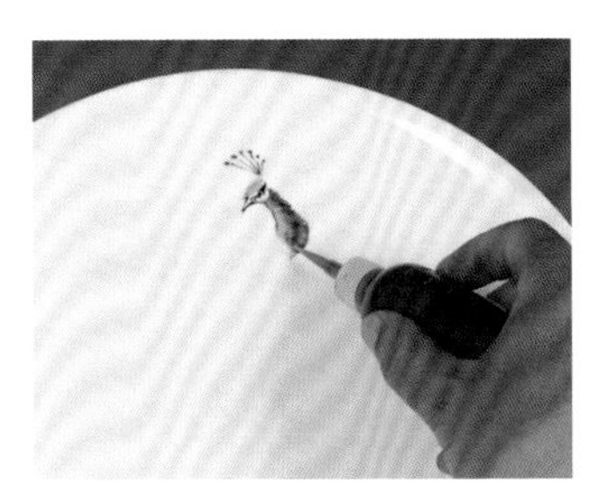

1. 用蓝色、黑色果酱画出孔雀头和脖颈。

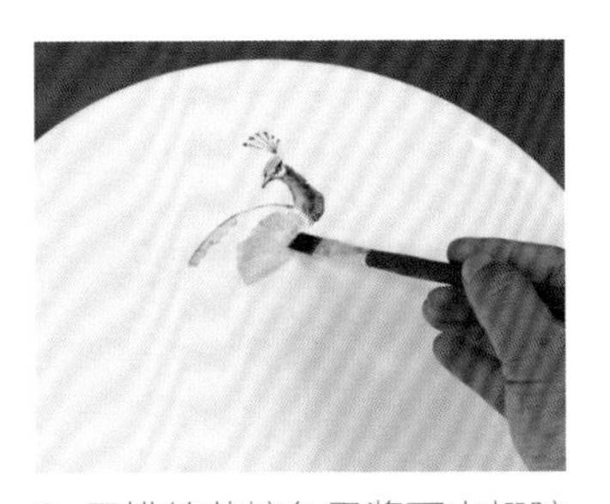

2. 用排笔蘸棕色果酱画出翅膀部分。

3. 再用蓝色、黑色果酱画出另一只孔雀的头、颈。

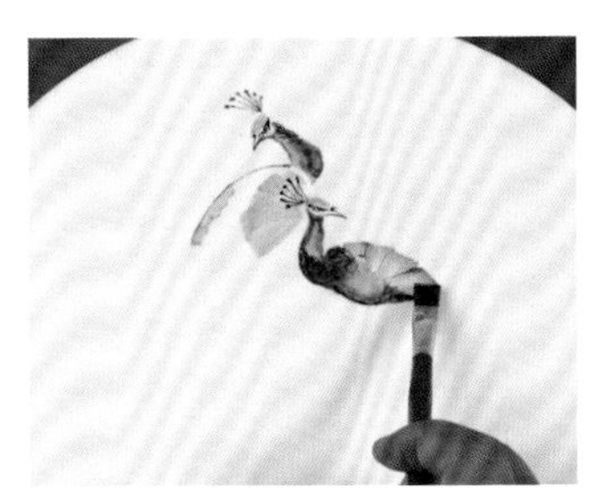

4. 用蓝色、棕色果酱画出另一只孔雀的身体。

5. 用灰色果酱画出翅膀上的羽毛。

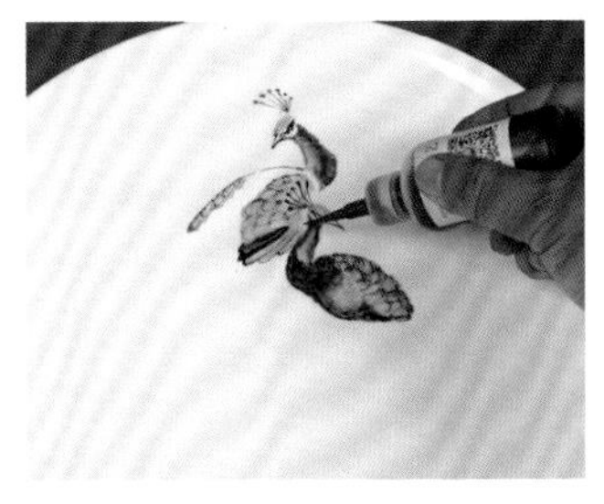

6. 用蓝色、黄色果酱画出长条状飞羽。

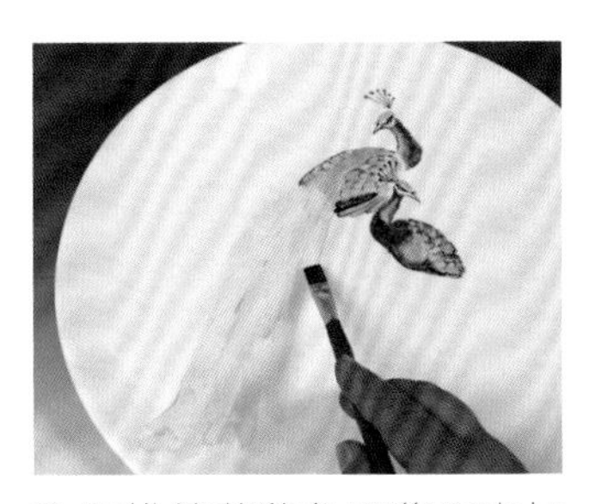

7. 用排笔蘸蓝色果酱画出长尾。

8. 再用排笔蘸棕色果酱画出长尾的边缘。

9. 用棉签擦出尾部的短翎。

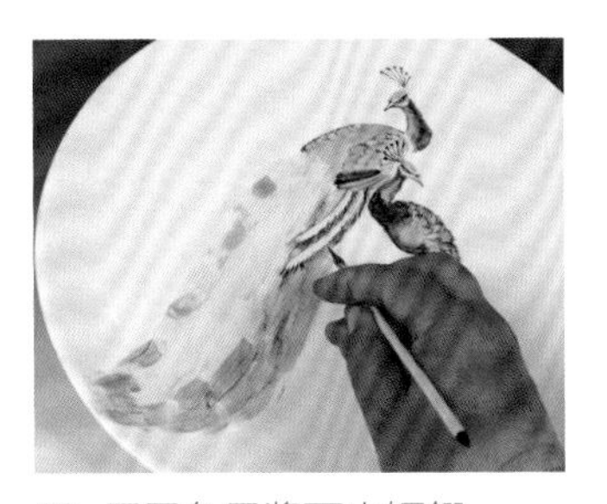

10. 用黑色果酱画出短翎。

11. 用棉签擦出水滴状的背部眼斑。

12. 用深蓝色果酱画出背部眼斑的边缘。

13. 用黄色果酱画出孔雀背部眼斑的中央部分。

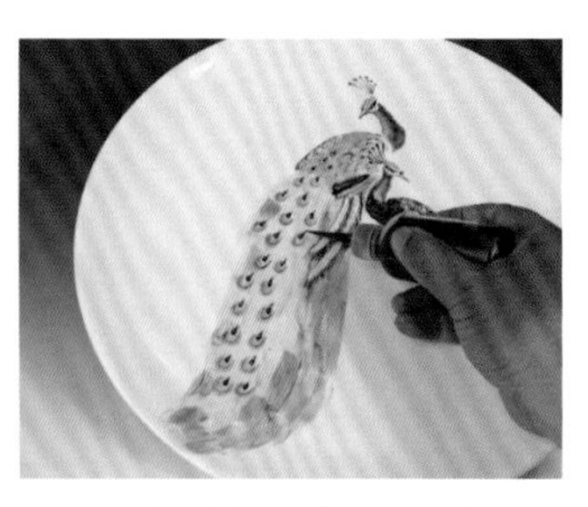

14. 再用黑色果酱画出孔雀背部眼斑的根部。

15. 用小毛笔蘸黑色果酱画出尾部的细毛。

16. 画出另一只孔雀和树枝。画出几朵牡丹花和叶子。题诗“华清野尘未曾来，孔雀屏深扇影开”。

75 玉兰鸟

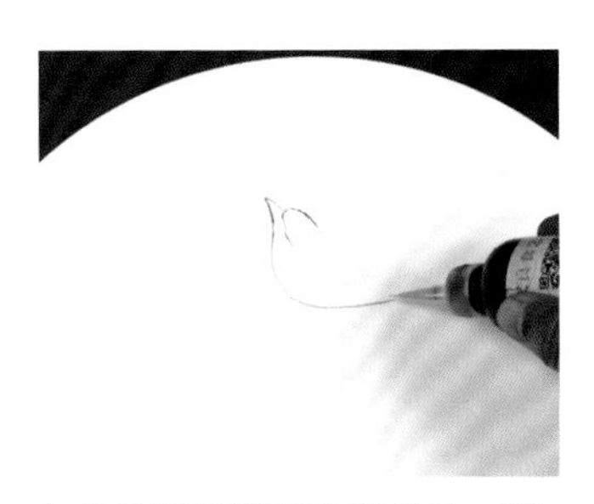

1. 用黑色果酱画出鸟的头、嘴、腹部曲线。

2. 再画出翅膀、尾、腿和爪。

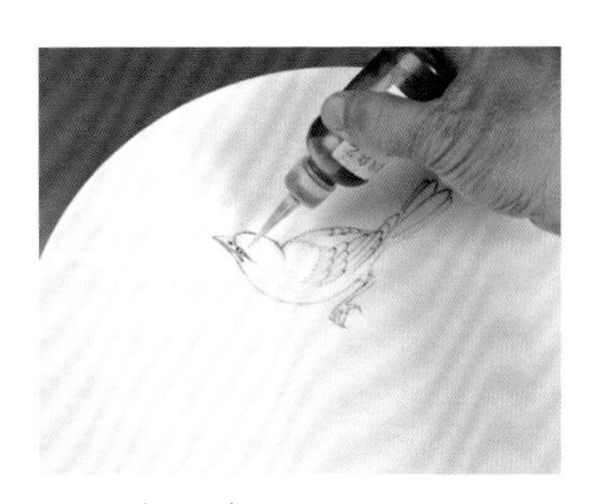

3. 画出眼睛。

4. 用蓝色果酱画出头、背部。

5. 再用黑色、灰色果酱画出翅膀和尾部羽毛。

6. 用棕色果酱画出腹部，再用黄色果酱涂抹嘴、腿、爪。

7. 用黑色果酱画出玉兰花和树枝。

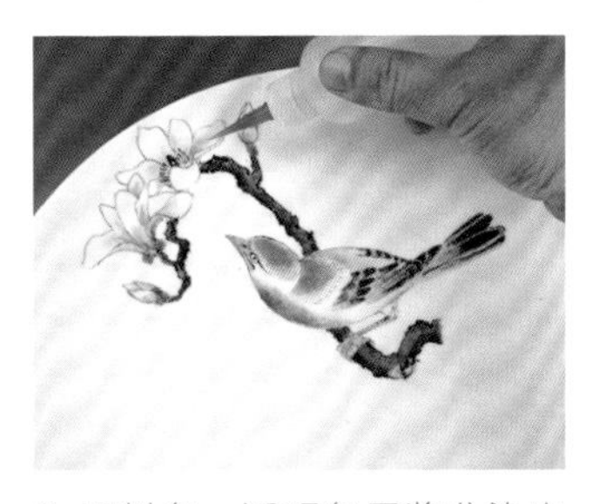

8. 用粉色、透明色果酱分染出花瓣，用棕色果酱涂抹树枝。

9. 再画出几朵花。题诗“江碧鸟逾白，山青花欲燃，今春看又过，何日是归年”。

76 松梅喜鹊

1. 用黑色果酱画出鸟的眼、嘴。

2. 再画出鸟的头、身。

3. 在翅膀处挤一滴蓝色果酱，抹开。

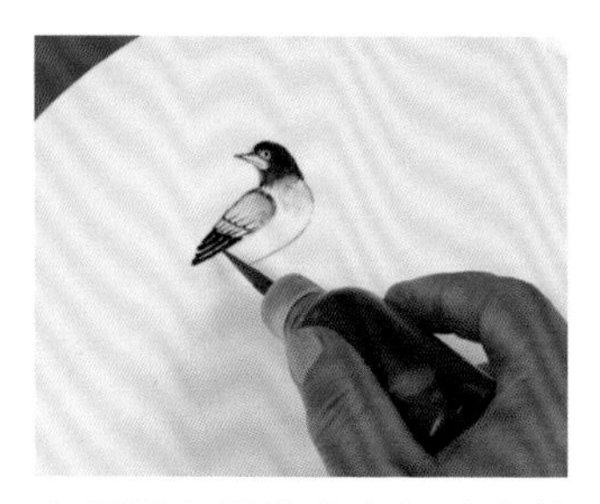

4. 用黑色果酱画出翅膀上的羽毛。

5. 用蓝色、黑色果酱画出尾、腿、爪。

6. 用棕黑色果酱画出树枝，再用棉签杆擦一下。

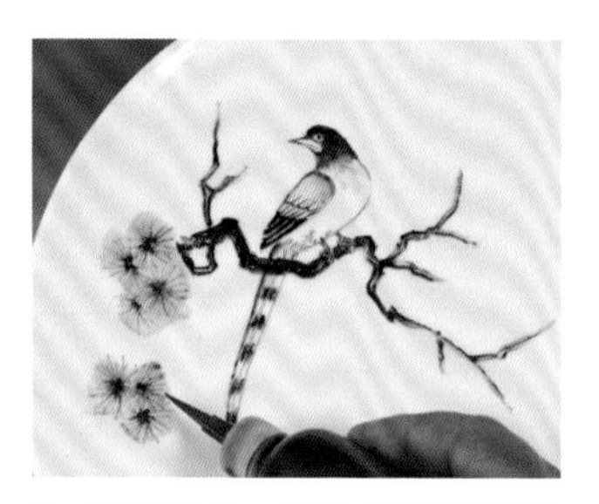

7. 用墨绿色、黑色果酱画出松叶。

8. 再用粉色、黑色果酱画出梅花瓣和花蕊。

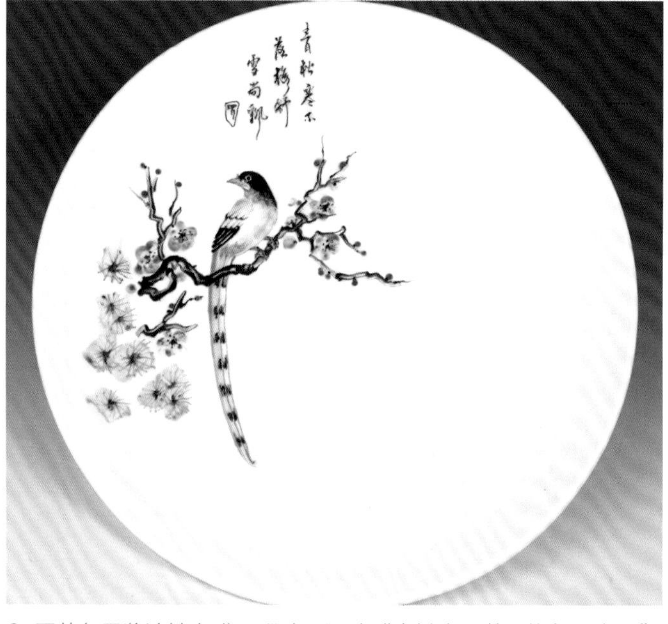

9. 用黄色果酱涂抹鸟嘴和眼睛。题诗“青松寒不落，梅舒雪尚飘”。

77 虚心竹上低头鸟

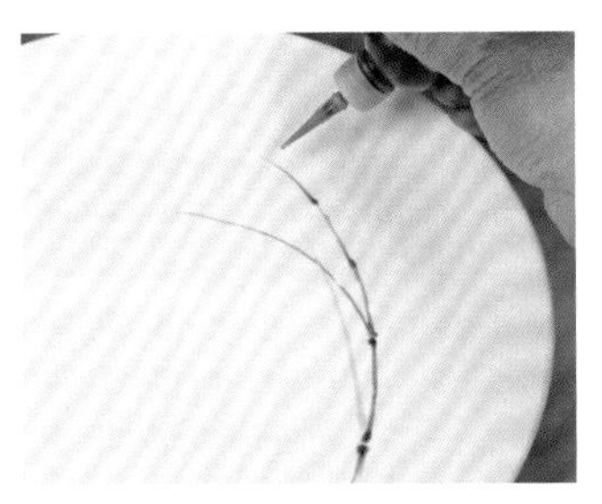

1. 用灰色果酱画出竹枝。

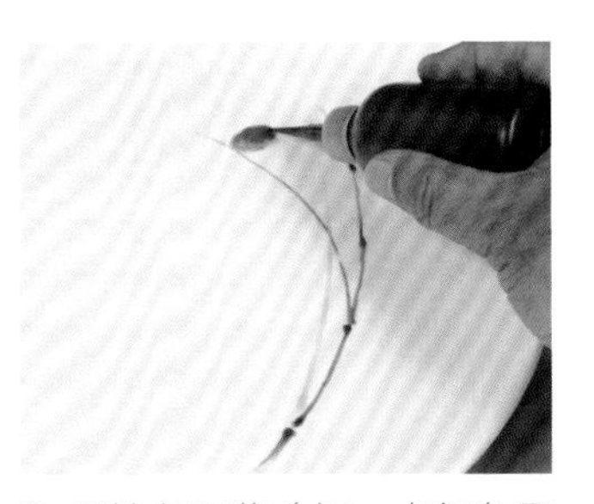

2. 用棕色果酱（加一点红色果酱）画出小鸟的身体。

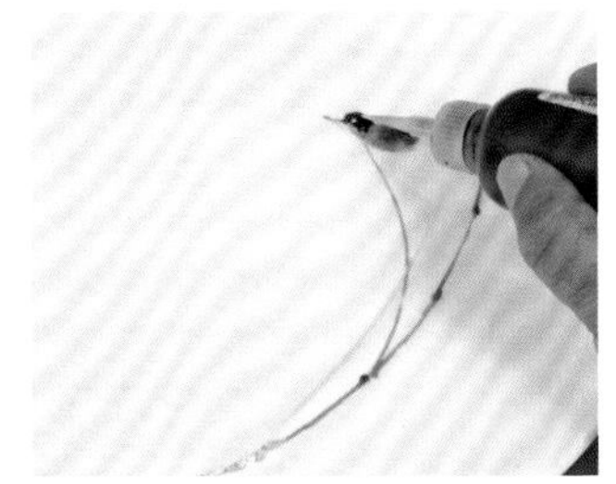

3. 用黑色果酱画出小鸟的头、嘴，留出眼睛。

4. 用黑色果酱画出小鸟的尾巴。

5. 用黑色果酱画出翅膀。

6. 用灰色果酱画出鸟的腹部，用黑色果酱画出腿、爪。

7. 用毛笔蘸黑色果酱画出几片竹叶。

8. 再用草绿色果酱画出几片竹叶。

9. 题诗“虚心竹有低头叶”。

78 锦鸡

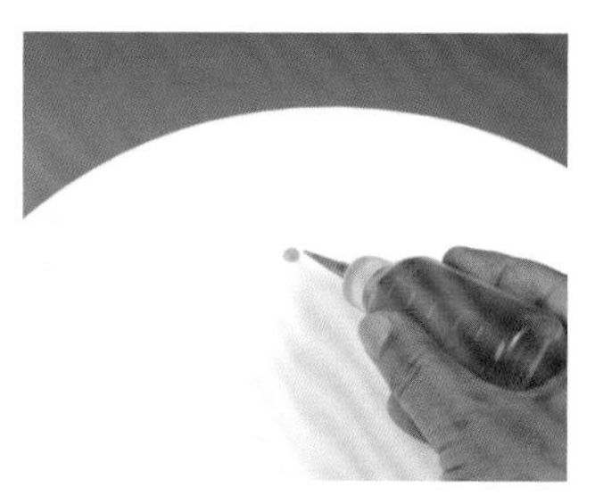

1. 挤一滴橙色果酱。

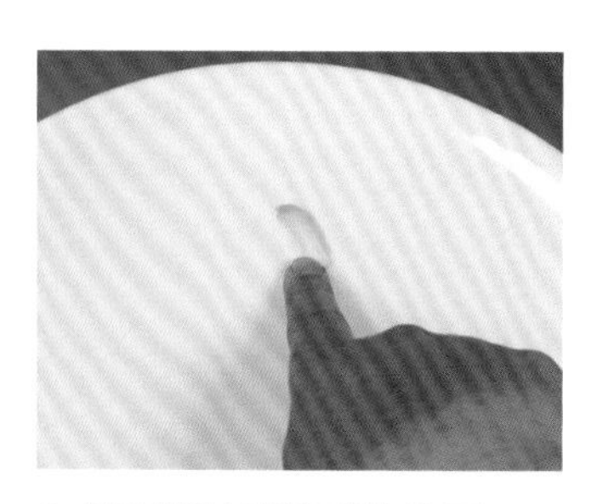

2. 用手指抹出锦鸡的头冠。

3. 用黑色果酱画出嘴、眼。

4. 用灰色果酱画出脸，用紫红色、黑色果酱画出下颏。

5. 用灰色果酱画出脖颈。

6. 用灰色、橙色果酱分染出颈部。

7. 用焦黑色果酱画出花纹。

8. 用黑色果酱画出翅膀。

9. 用草绿色果酱涂抹颈下部。

10. 用黑色果酱画出复羽。

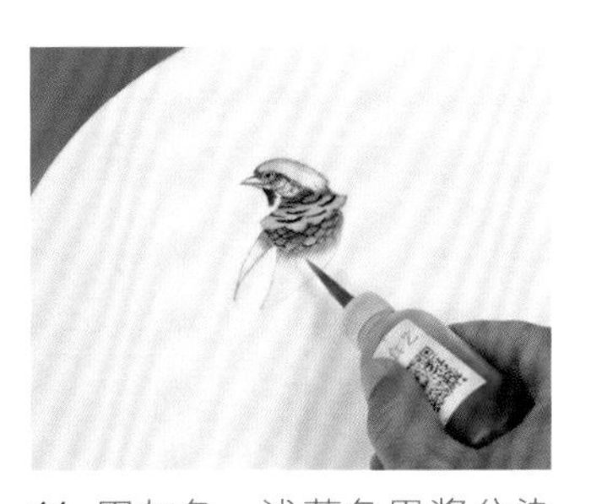

11. 用灰色、浅蓝色果酱分染出飞羽底色。

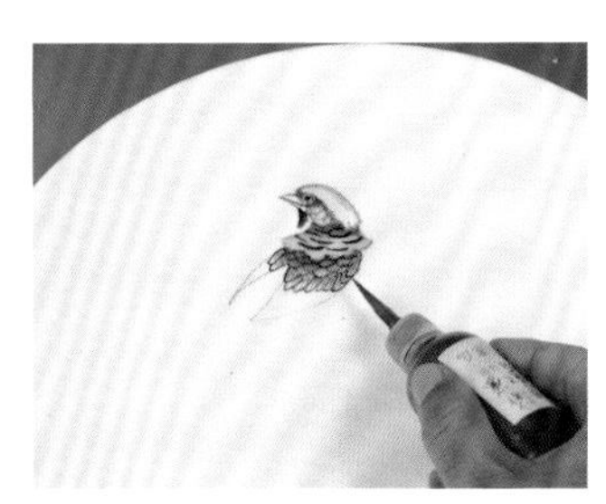

12. 用黑色果酱画出初级飞羽。

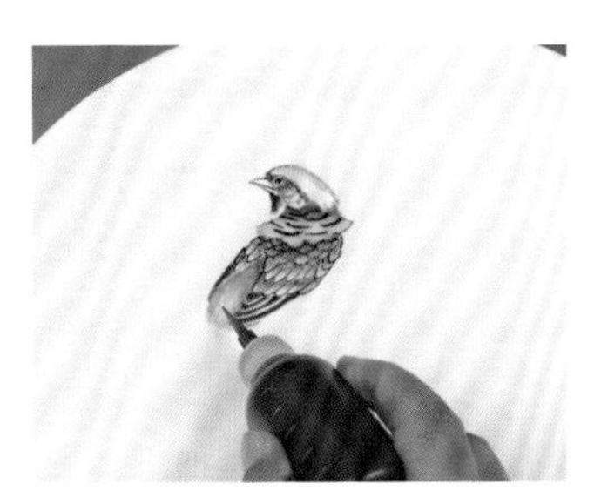

13. 同样方法画出次级飞羽和三级飞羽，再用灰色、橙色果酱画出背部。

14. 用红色、紫红色果酱画出腹部。

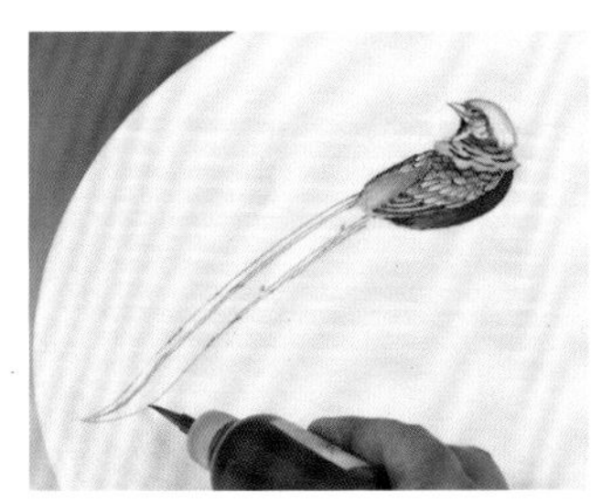

15. 用黑色果酱画出长尾。

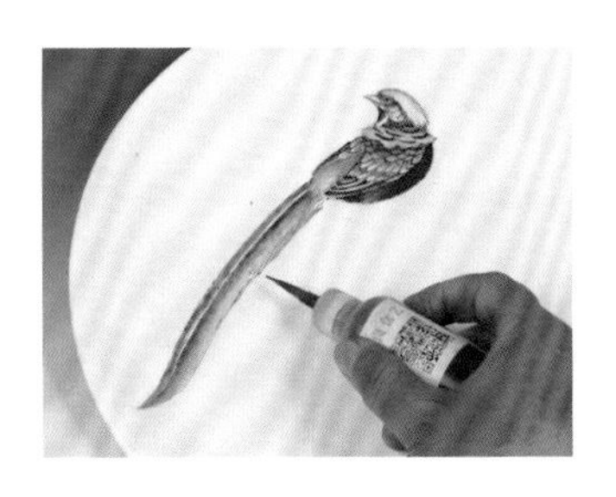

16. 用棕色、橙色果酱分染出长尾。

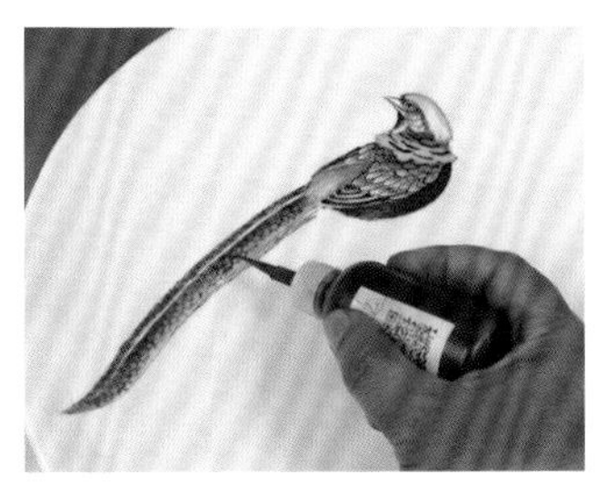

17. 用灰色果酱画出尾上花纹。

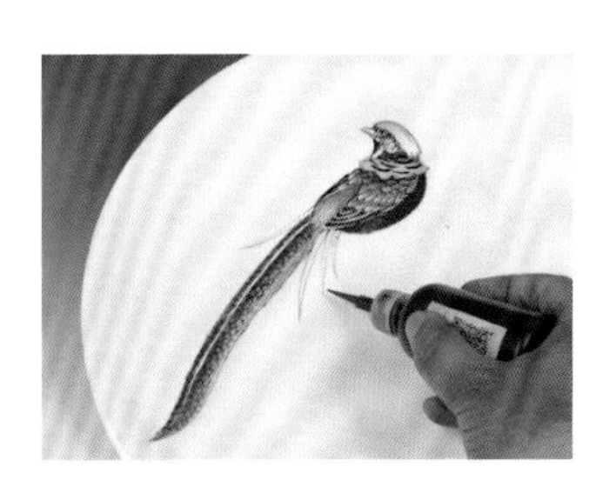

18. 用黑色果酱画几根短尾。

19. 用红色果酱画出短尾，再画出腿部。

20. 用粉色、紫色果酱画两朵牡丹花。

21. 再画出一朵小花和一些绿叶。

22. 题诗“金碧冠缨彩绘衣，独立东风看牡丹”。

79 竹雀

1. 挤一滴棕黑色果酱。

2. 用手指抹出鸟头。

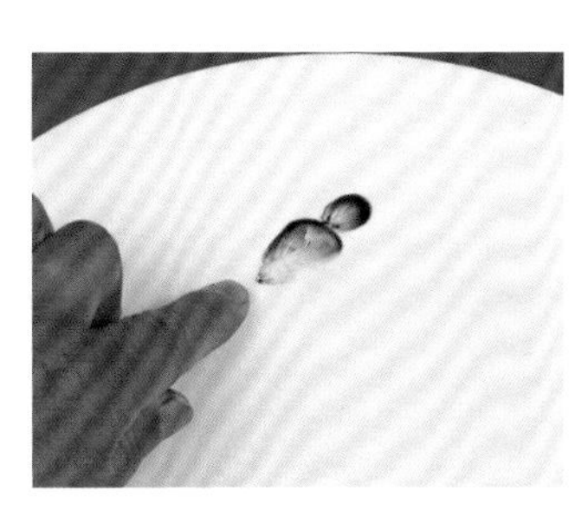

3. 同样方法再挤一大滴果酱，抹出鸟身。

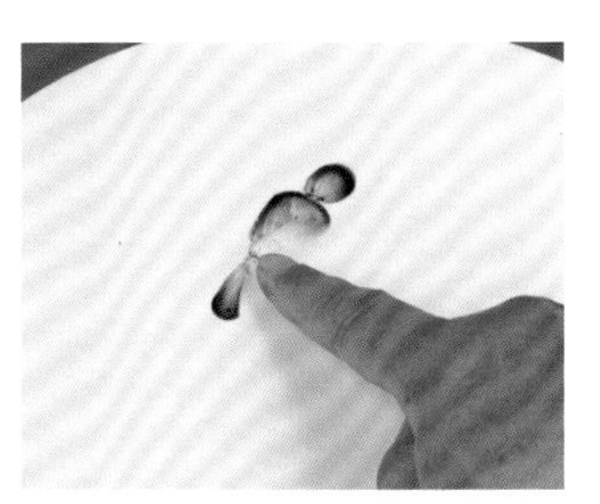

4. 再挤一滴果酱，抹出鸟尾。

5. 用黑色果酱画出眼、嘴、脖颈。

6. 用黑色果酱画出翅膀上的羽毛，用灰色果酱画出腹部。

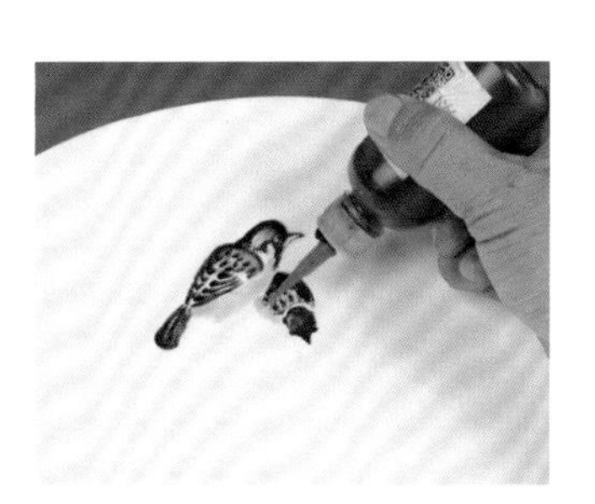

7. 同样方法再画出一只低头的麻雀。

8. 用黑色果酱画出竹枝、鸟爪，再用小毛笔蘸黑色果酱、草绿色果酱画出竹叶。

9. 题诗“落木萧萧苦竹深，茅檐斜日唤双禽”。

80 翠鸟

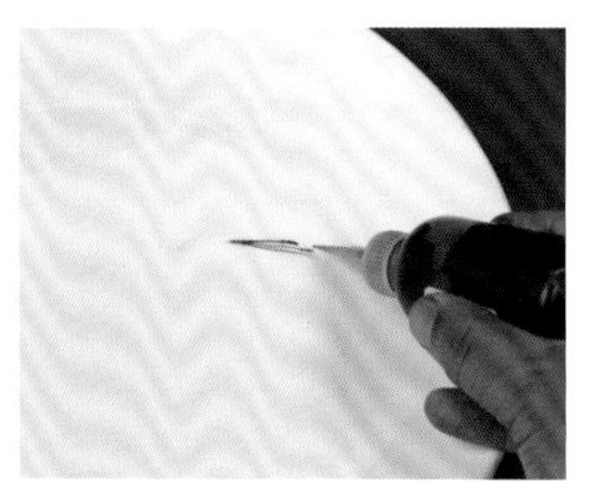

1. 用黑色果酱画出长长的鸟嘴。

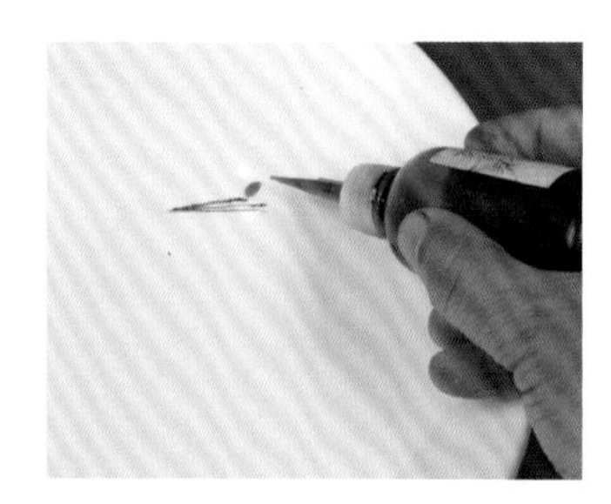

2. 挤一滴蓝色果酱。

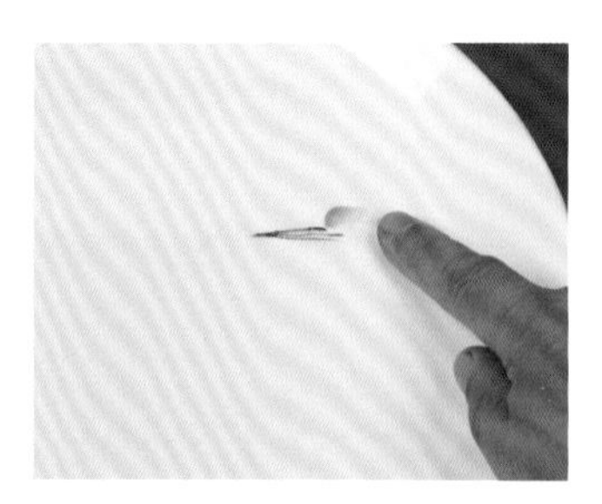

3. 用手指抹出鸟的头部。

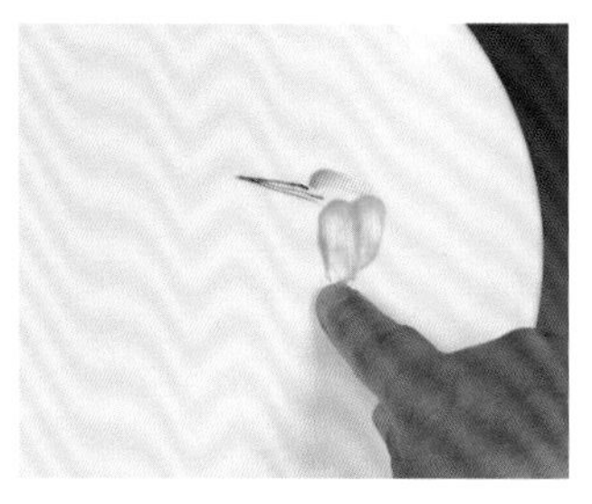

4. 挤两滴黄色果酱，向下抹出腹部。

5. 再用蓝色果酱画出翅膀。

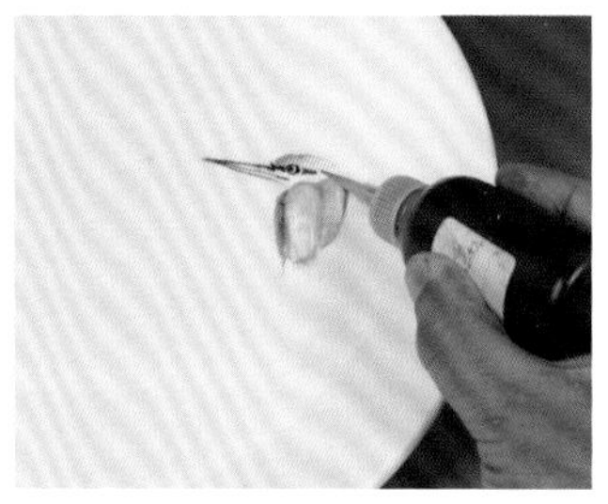

6. 用黑色果酱画出眼睛。

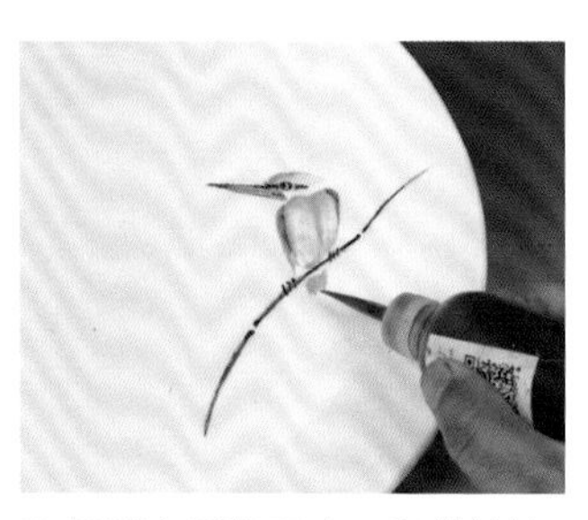

7. 用黑色果酱画出一段芦苇枝，画出鸟爪。

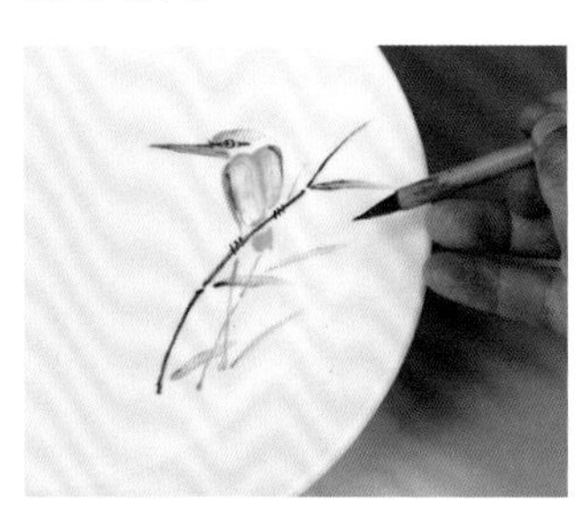

8. 用毛笔蘸黑色和草绿色果酱，画出几片苇叶。

9. 题诗“巢芦有翠鸟”。

81 太平鸟

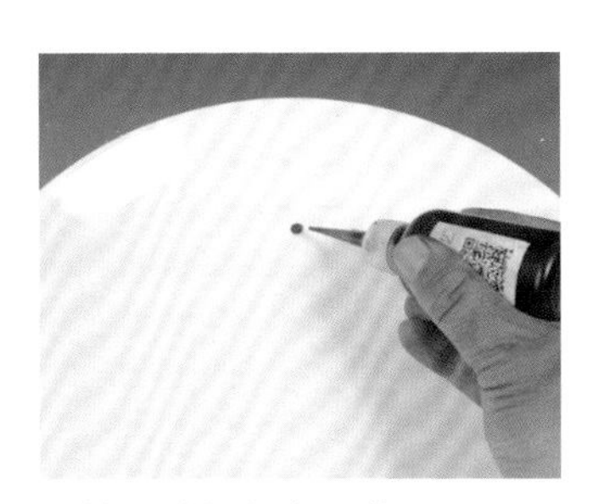

1. 挤一滴橘红色果酱。

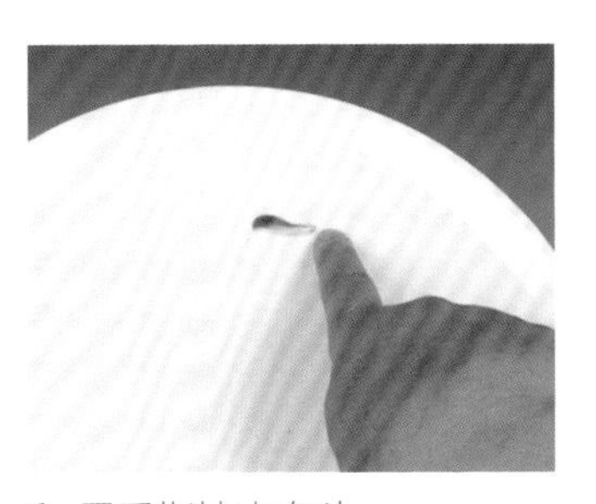

2. 用手指抹出鸟头。

3. 用黑色果酱画出眼、嘴。

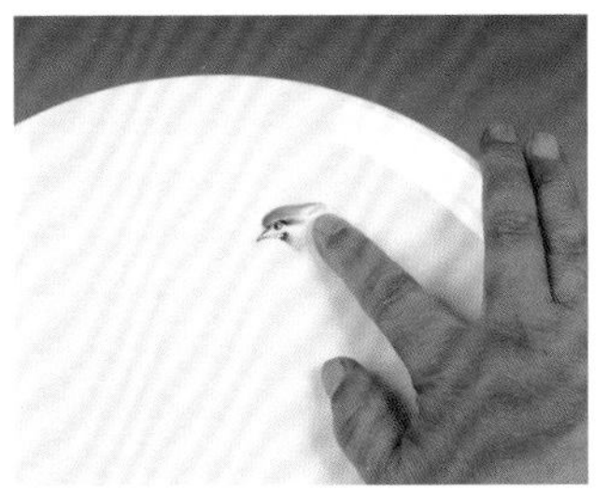

4. 在眼后、嘴下挤一点灰色果酱，抹一下。

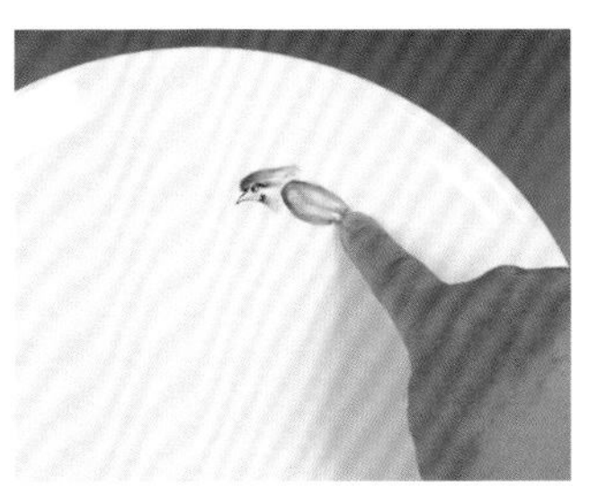

5. 挤一大滴橘红色果酱，抹出翅膀。

6. 再用灰色果酱画出腹部。

7. 用黑色果酱画出翅膀、尾和爪。

8. 用黑色果酱画出树枝，用棉签杆擦出枯干效果。

9. 用红色果酱涂抹一下头、嘴、翅膀处。画出小花、绿叶和花蕾，题诗“鸟啼人不见，花落树犹香”。

82 黄鹂

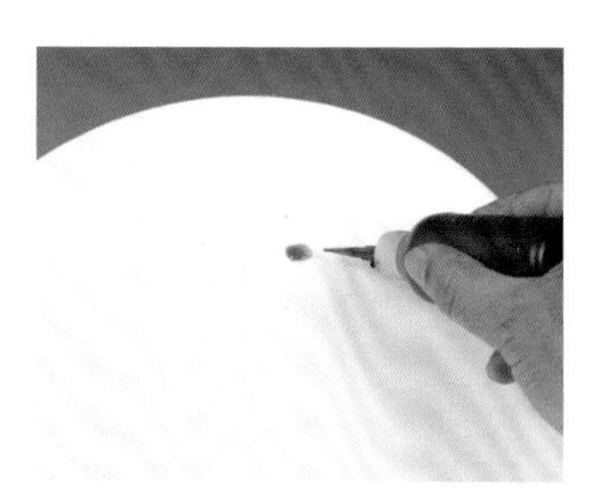

1. 挤一滴橙色果酱。

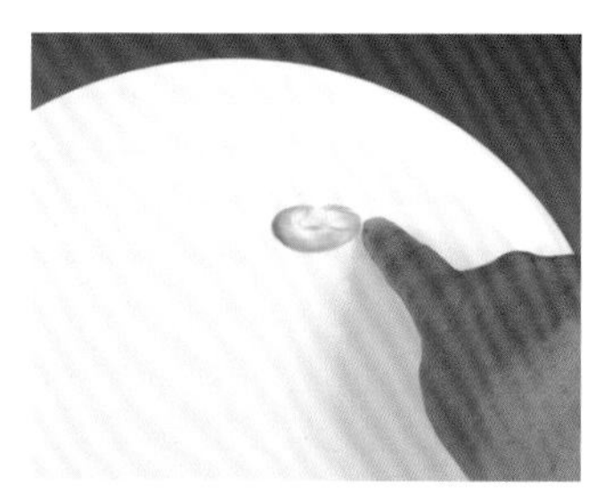

2. 用画圈的方法画成椭圆形。

3. 再挤一滴橘红色果酱。

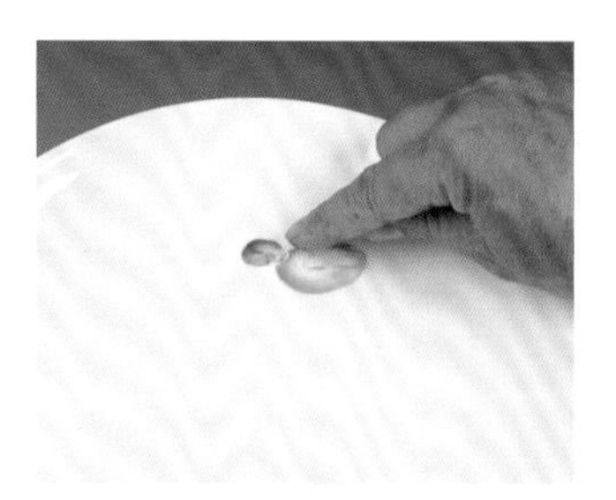

4. 用手指抹出鸟头。

5. 用黑色果酱画出鸟的嘴和眼睛。

6. 再用黑色果酱画出翅膀、尾巴。

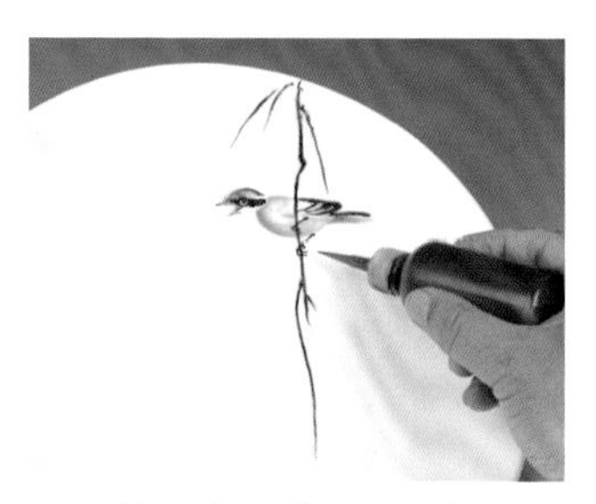

7. 用棕黑色果酱画出树枝，用紫红色果酱画出腿、爪。

8. 用毛笔蘸草绿色果酱画出几片树叶。

9. 题诗“上有黄鹂深树鸣”。

（四）人物、动物、风景类

83 虾

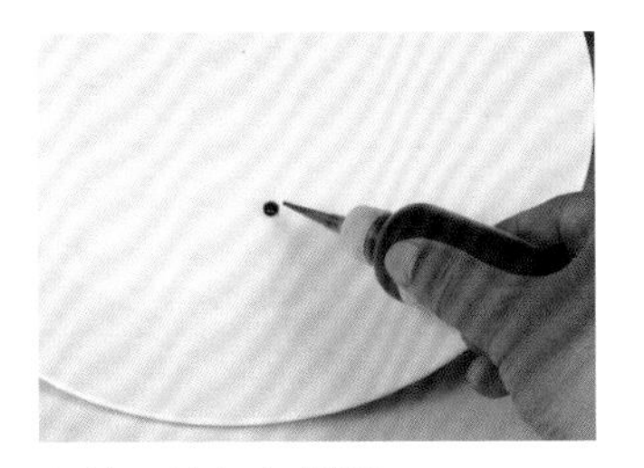

1. 挤一滴灰色果酱。

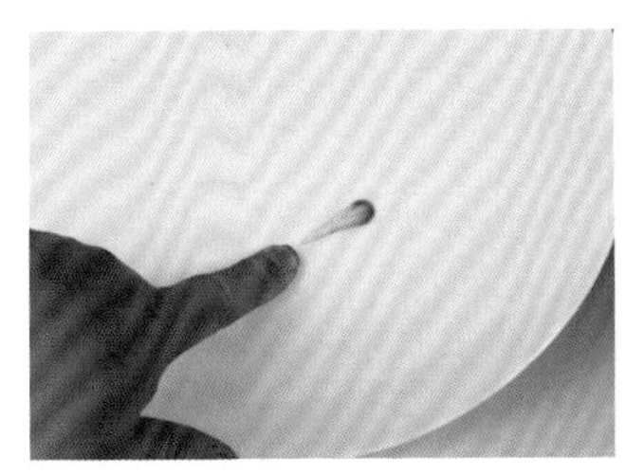

2. 用手指抹出虾头。

3. 用灰色果酱画出虾头前端两个平衡器，换黑色果酱画出虾脑、眼睛。

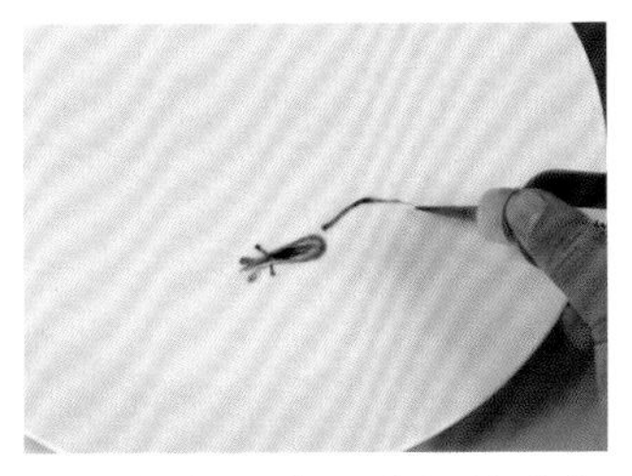

4. 用灰色果酱画出虾的背部曲线。

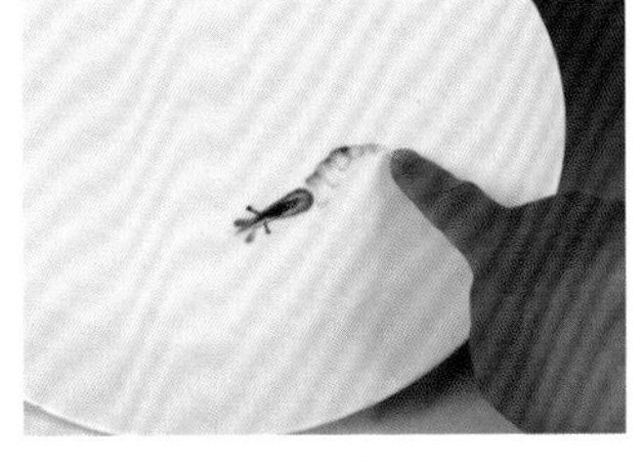

5. 用手指抹出虾节。

6. 用毛笔蘸灰色果酱画出虾尾。

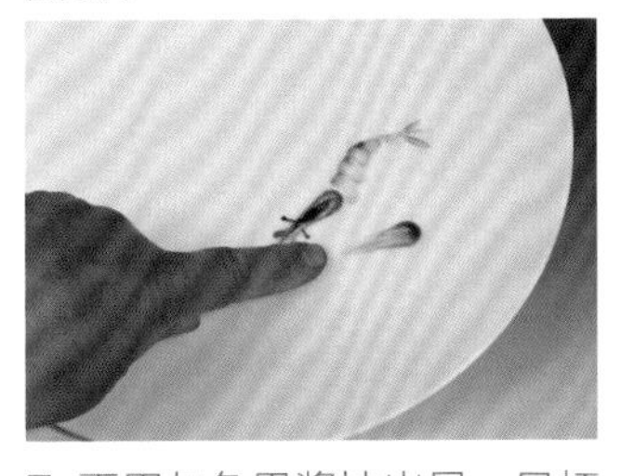

7. 再用灰色果酱抹出另一只虾头。

8. 用黑色果酱画出虾的脑和眼睛。

9. 用灰色果酱画出弯曲的背部曲线。

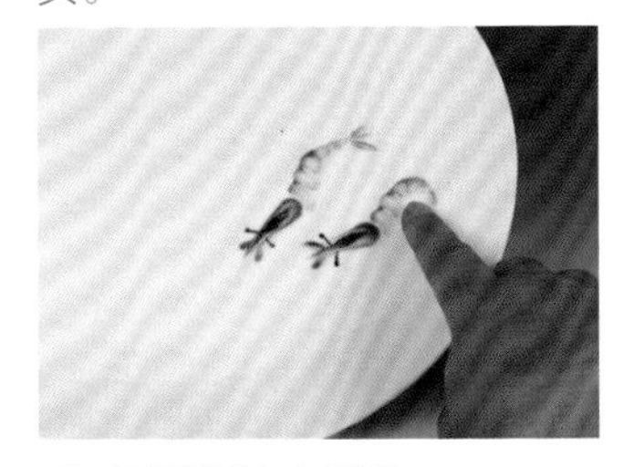

10. 用手指抹出虾节。

11. 用毛笔画出虾尾。

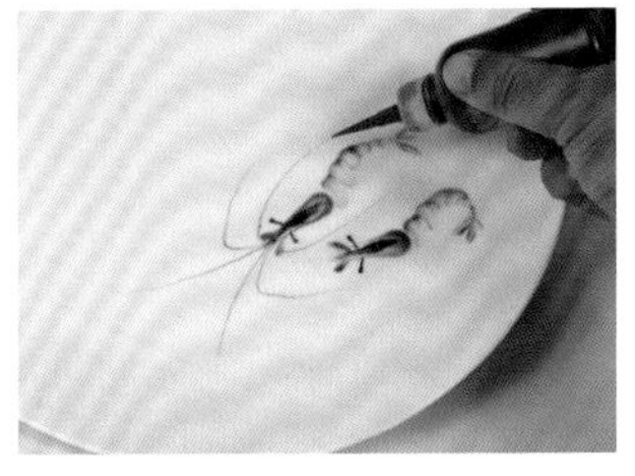

12. 用黑色果酱画出几对虾须。

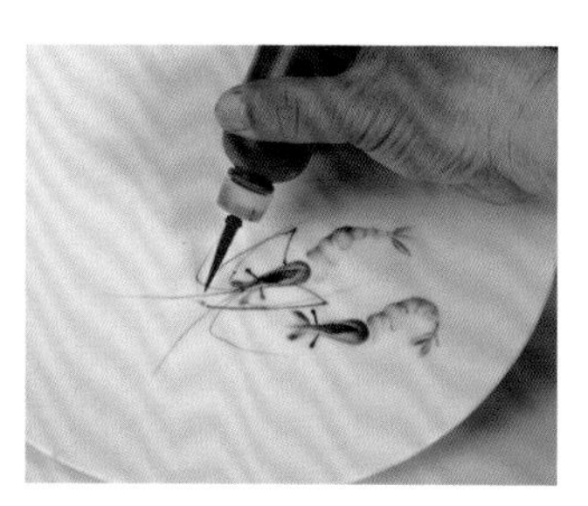

13. 用灰色果酱画出虾钳。

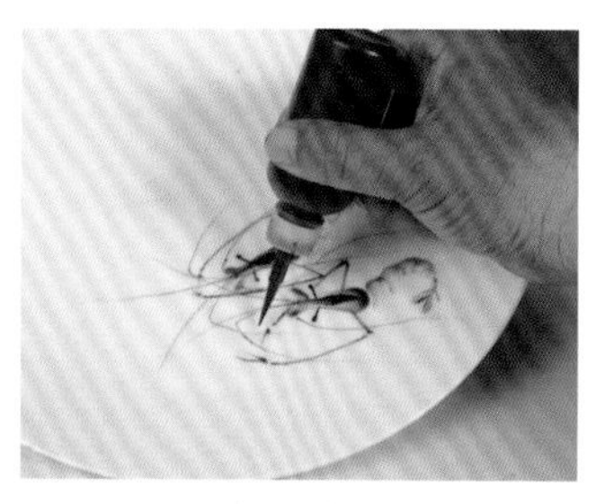

14. 再用黑色、灰色果酱画出另一只虾的须和钳。

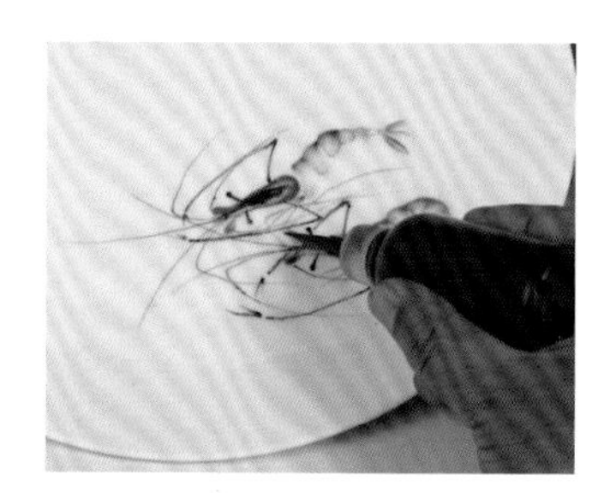

15. 再画出几条短须。

16. 挤上几滴草绿色果酱。题诗“清静两无尘”。

84 鲤鱼

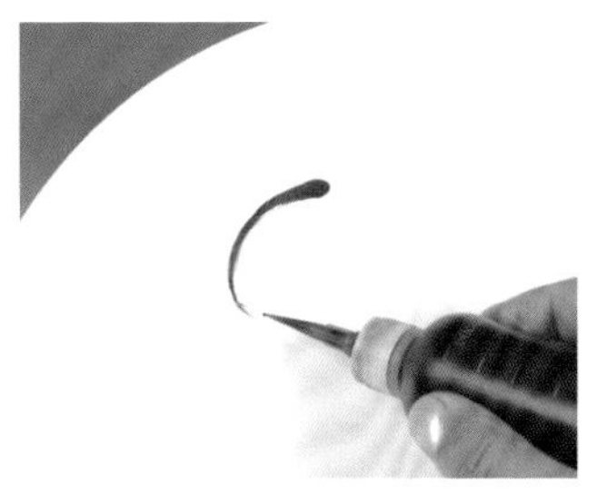

1. 用红色果酱画出一段弧线。

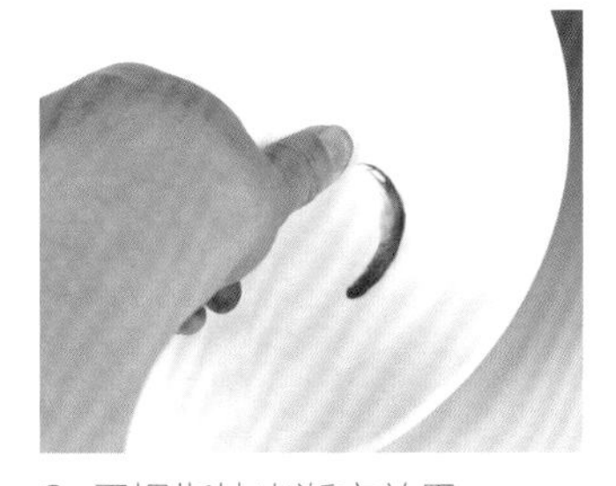

2. 用拇指抹出渐变效果。

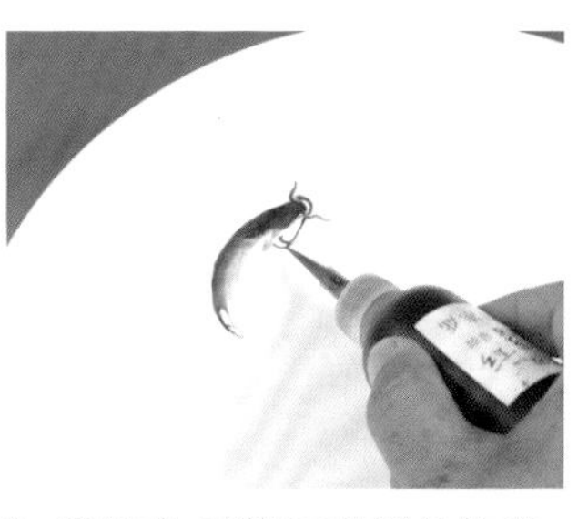

3. 用红色果酱画出鲤鱼的嘴、须和鳃。

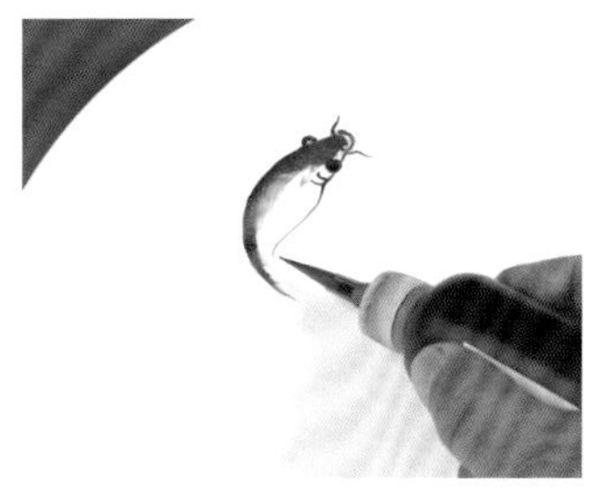

4. 用黑色果酱画出眼睛，用红色果酱画出腹部曲线。

5. 画出鱼鳞。

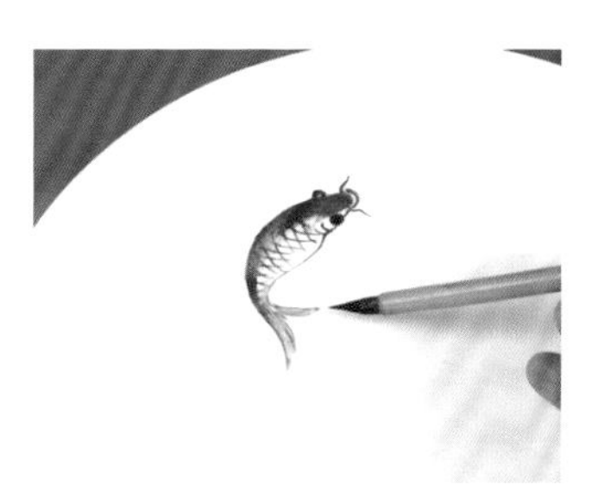

6. 用毛笔蘸红色果酱画出鱼尾。

7. 再画出胸鳍、腹鳍。

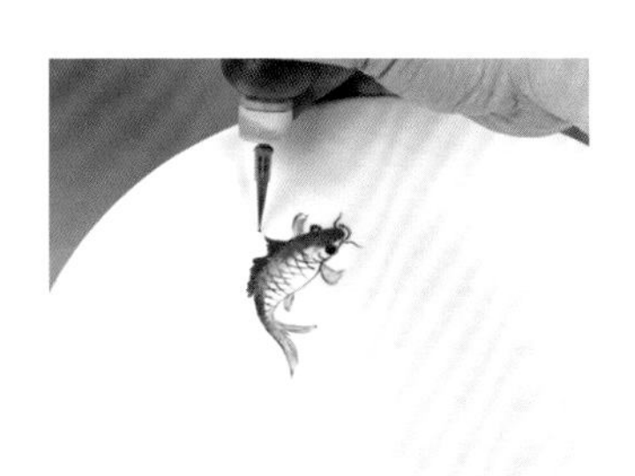

8. 用红色和紫红色果酱画出背鳍。

9. 再画一条黑色鲤鱼。题字“鸿运当头”。

85 双鱼戏荷

1. 在盘边挤一滴绿色果酱。

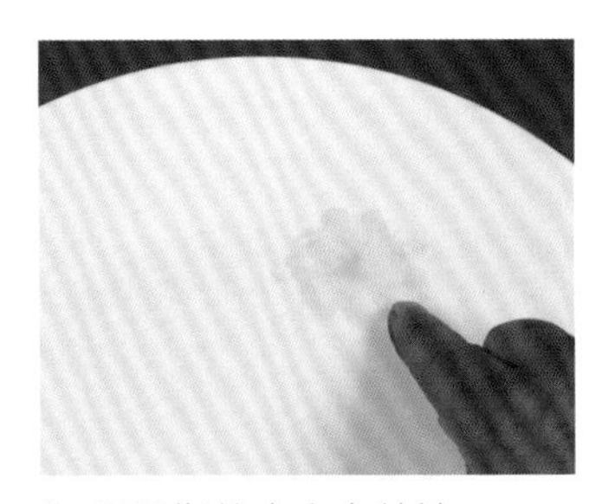

2. 用手指从中心向外抹。

3. 用黑色果酱画出叶子的边缘。

4. 用黑色果酱画出叶脉。

5. 用红色果酱画出一尾小鱼。

6. 用毛笔蘸红色果酱画出尾、胸鳍、腹鳍。

7. 用黑色果酱画出眼睛，用牙签划出背鳍。

8. 再画出另一尾鱼。

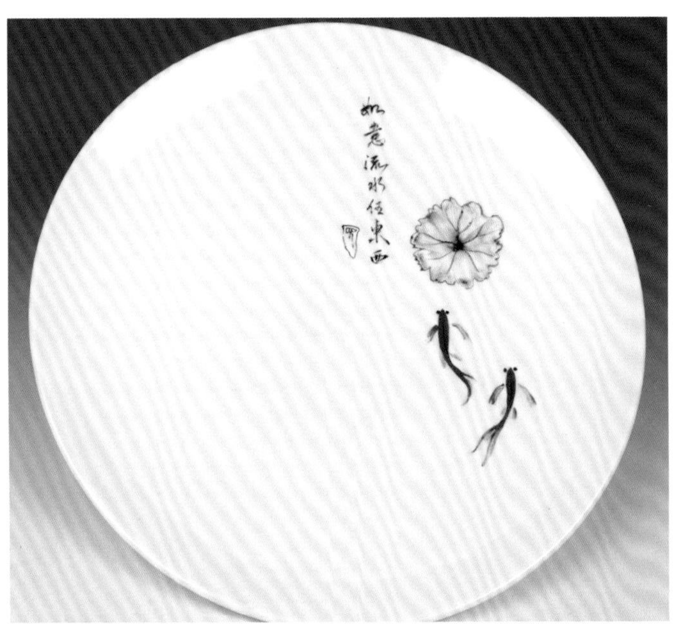

9. 题诗“如意流水任东西”。

86 金鱼

1. 用紫红色果酱画出一段弧线。

2. 用手指从上向下抹出渐变效果。

3. 用紫红色果酱画出金鱼的嘴、胡须、眼泡。

4. 用黑色果酱画出眼珠。

5. 用紫红色果酱画出鱼鳞和腹部曲线。

6. 用黑色果酱画出背鳍。

7. 用毛笔蘸紫红色果酱画出尾部、胸鲤和腹鳍。

8. 再画出另一尾金鱼。

9. 题字“金玉满堂”。

87 马

1. 用黑色果酱画出马头。

2. 画出马脖，用手指抹出渐变效果。

3. 画出胸廓，用手指擦抹一下，画出胸前肌。

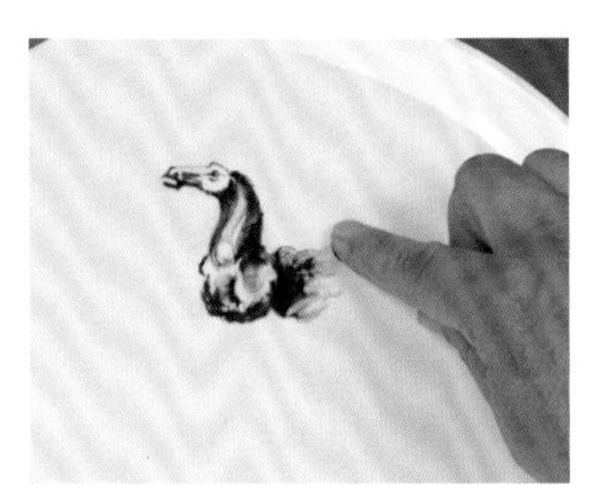

4. 画出腹部，用手指抹出渐变效果。

5. 挤两滴黑色果酱，抹出后腿上部。

6. 画出两条前腿。

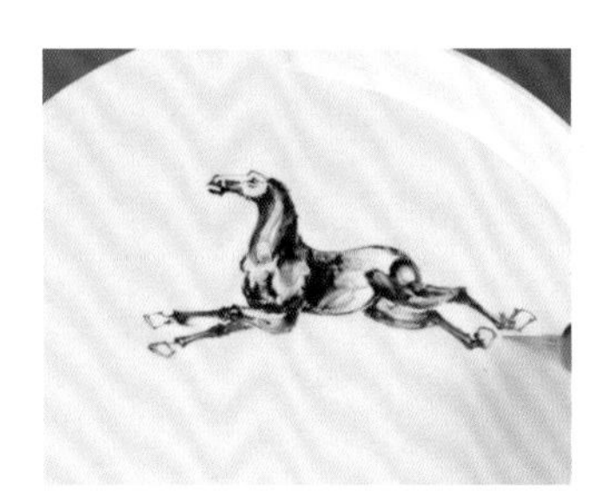

7. 画出两条后腿。

8. 画出马鬃、马尾，用棉签杆擦出飘逸的感觉。

9. 题诗“春风得意马蹄疾”。

88 青龙

1. 用蓝色果酱画出龙身曲线。

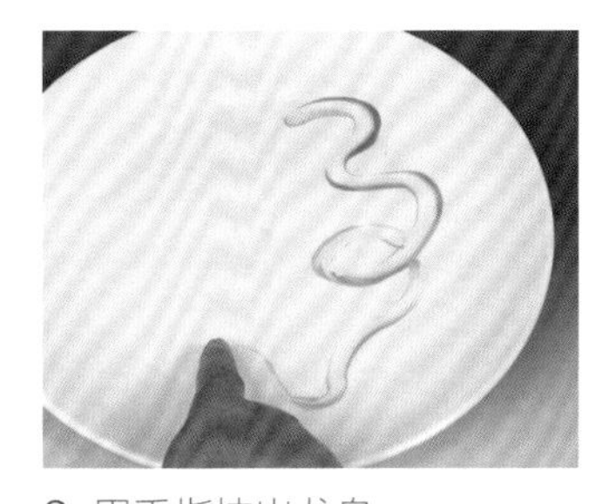

2. 用手指抹出龙身。

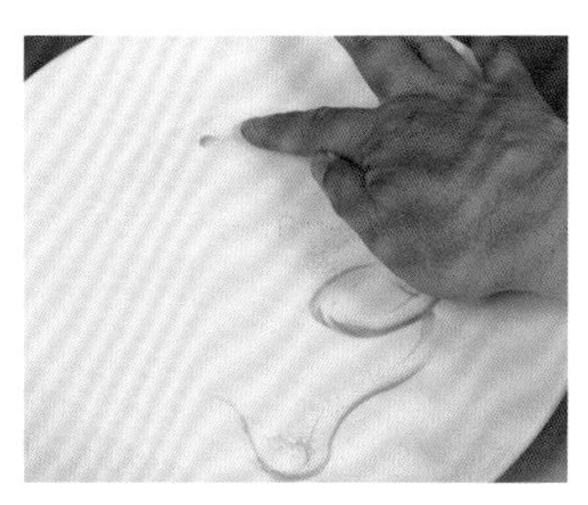

3. 挤一小滴蓝色果酱，抹出鼻头。

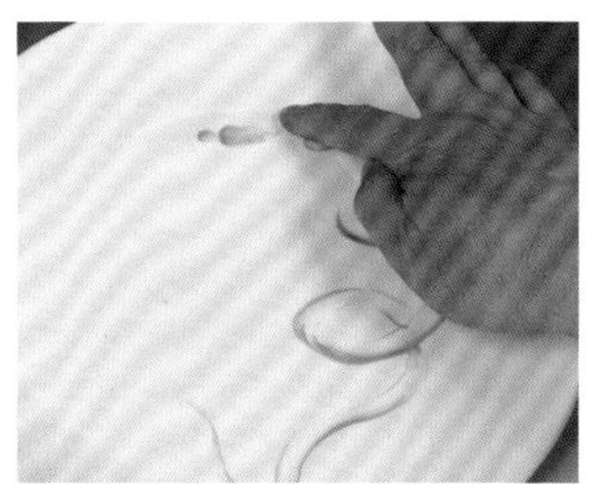

4. 再挤一滴蓝色果酱，抹出额头。

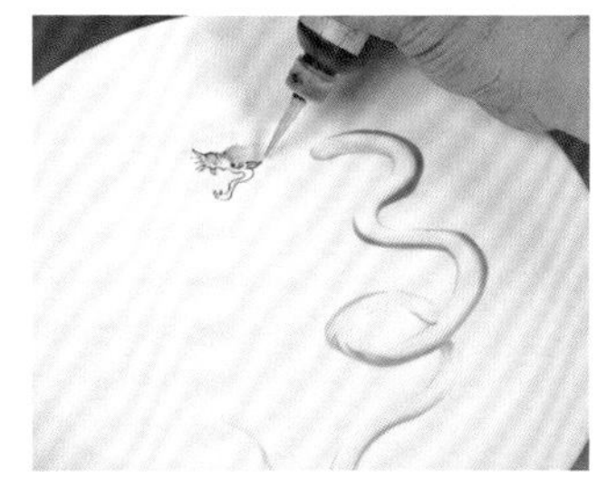

5. 用黑色果酱画出水须、鼻头、嘴线、眼、耳、脸。

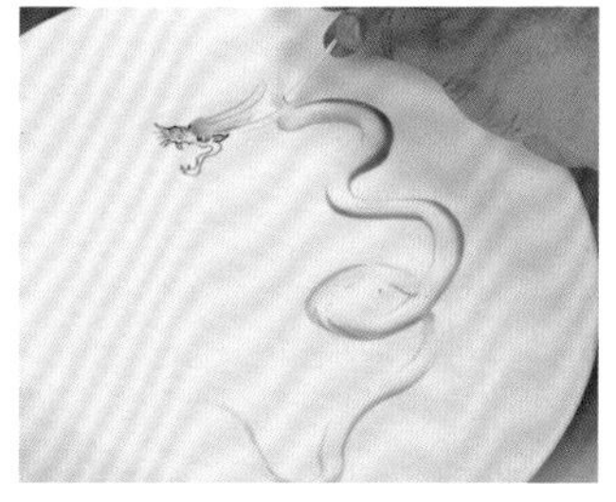

6. 用棉签蘸蓝色果酱画出龙角。

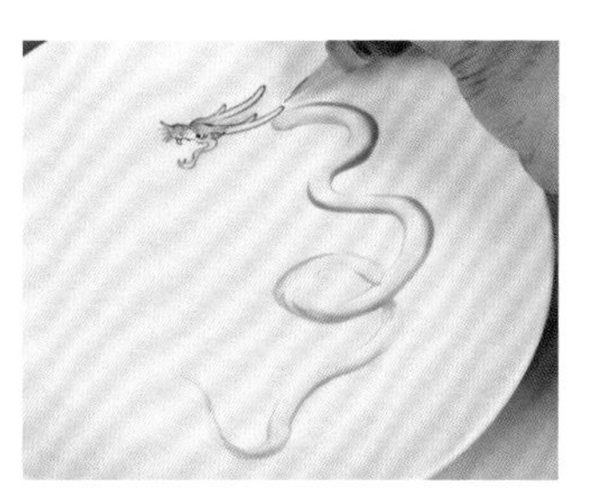

7. 用黑色果酱画出龙角边缘。

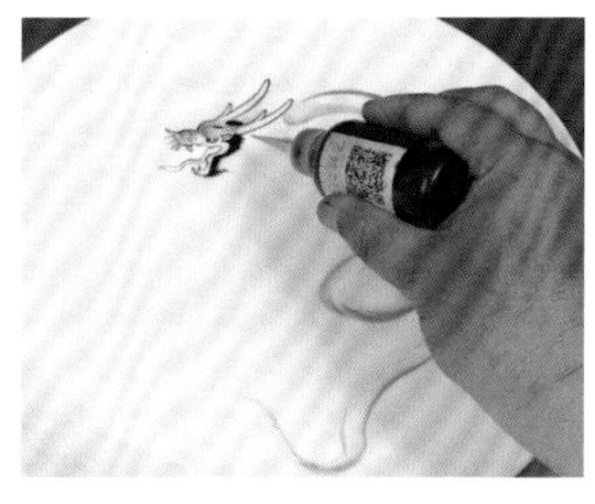

8. 用黑色果酱画出龙髯。

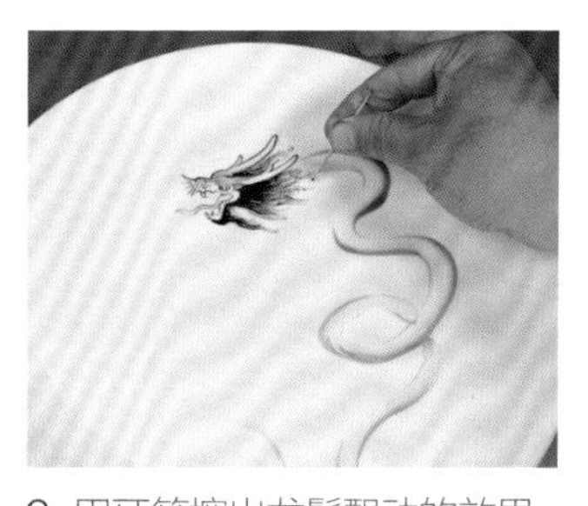

9. 用牙签擦出龙髯飘动的效果。

10. 用黑色果酱画出龙鳞。

11. 用蓝色果酱抹出龙腿。

12. 用黑色果酱画出龙腿、龙爪。

13. 再画出龙鳍。

14. 用黑色果酱画出云朵和另外两只龙爪。

15. 用红色果酱画出舌、触须，棕色果酱涂抹龙爪。

16. 题字“天行健，君子以自强不息”。

89 黑龙

1. 用黑色果酱画出弯曲的龙身。

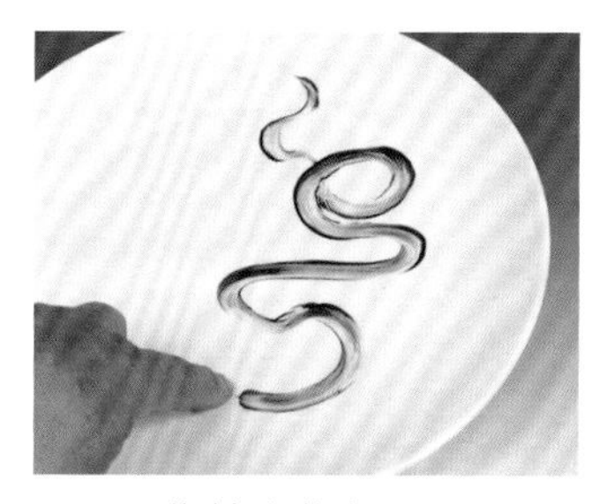

2. 用手指抹出龙身。

3. 用棉签将不光滑的地方擦抹光滑。

4. 用灰色果酱补画出龙身较细的部分。

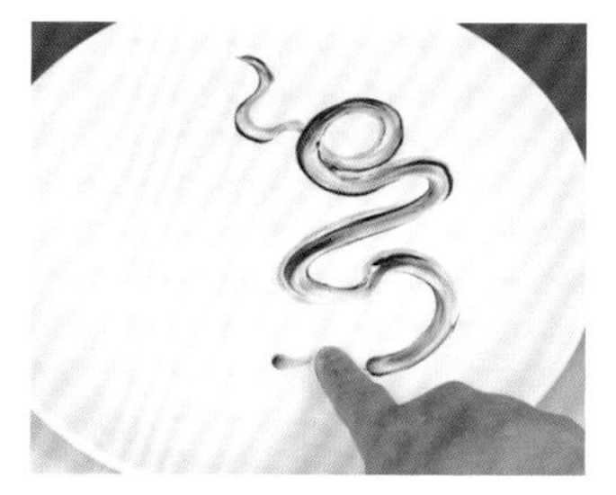

5. 挤一滴黑色果酱，抹一下，即为鼻头

6. 再挤一滴较大的黑色果酱。

7. 抹出额头。

8. 用黑色果酱画出水须、鼻头、嘴线。

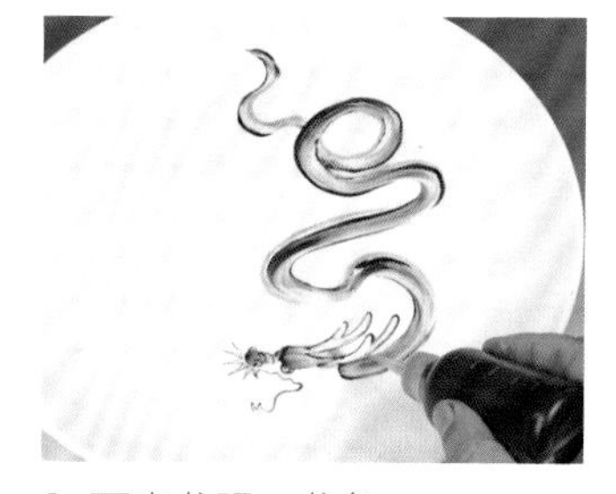

9. 画出龙眼、龙角。

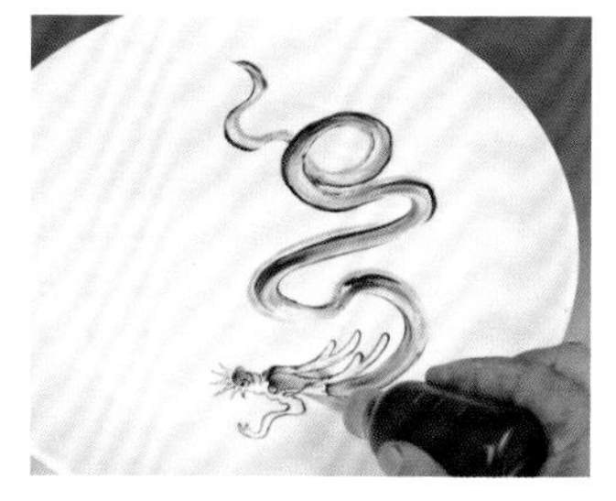

10. 画出龙耳、龙脸、下巴。

11. 用黑色果酱画出龙髯。

12. 用竹签擦出龙髯飘动的效果。

13. 用黑色果酱画出龙牙和触须。

14. 画出龙尾。

15. 简单地画出龙爪。

16. 题诗“云龙远飞驾，天马自行空”。

90 老虎

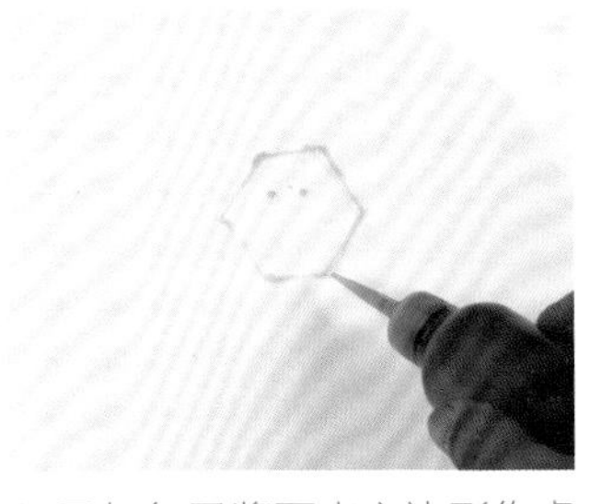

1. 用灰色果酱画出六边形作虎头的轮廓，并确定出眼睛的位置。

2. 用黑色果酱画出虎眼。

3. 再用黑色果酱画出虎的鼻、嘴巴。

4. 再画出虎的眉和额头上的花纹。

5. 画出眼睛下方的花纹。

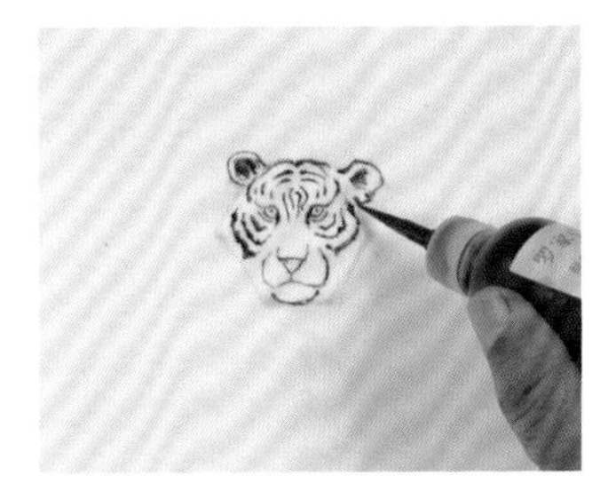

6. 画出两个耳朵。

7. 用黑色果酱沿六边形的边缘画出虎脸。

8. 用黑色果酱画出前腿、前爪。

9. 画出腰腹部和后腿。

10. 画出尾巴。

11. 用虎皮黄色果酱给虎的身体涂色。

12. 用浅灰色果酱给虎头的大部分涂色，留出白色的嘴巴、眼眉和眼皮。

13. 再用虎皮黄色果酱给虎的额头、脸颊部分涂色。

14. 用黑色果酱画出前腿部分的花纹。

15. 再画出余下部分的花纹。

16. 用粉红色果酱画虎鼻，用白色果酱画胡须，题字“王者风范”。

91 女侠

1. 用排笔蘸红色果酱画出长长的披风。

2. 用棉签擦出衣领部分。

3. 用黑色果酱画出女侠的头和发辫。

4. 用红色果酱画出披风上的衣纹和肩上的飘带。

5. 再用红色果酱画出白裙衣纹。

6. 用黑色果酱画出宝剑，用白色果酱画出头上的饰物。

7. 题诗“十年磨一剑，霜刃未曾试。今日把示君，谁有不平事”。

92 雨中情

1. 挤一滴橙色果酱。

2. 用手指抹出圆形。

3. 用黑色果酱画出伞骨。

4. 用黑色果酱画出美女头发。

5. 画出衣纹。

6. 用蓝色和透明色果酱画出渐变色的衣服。

7. 用黑色果酱和红色果酱画出树枝和梅花。用白色果酱画出头上的饰物。用白色和橙色果酱画出衣服上的花纹。

8. 题诗“无边丝雨细如愁”。

93 美女图

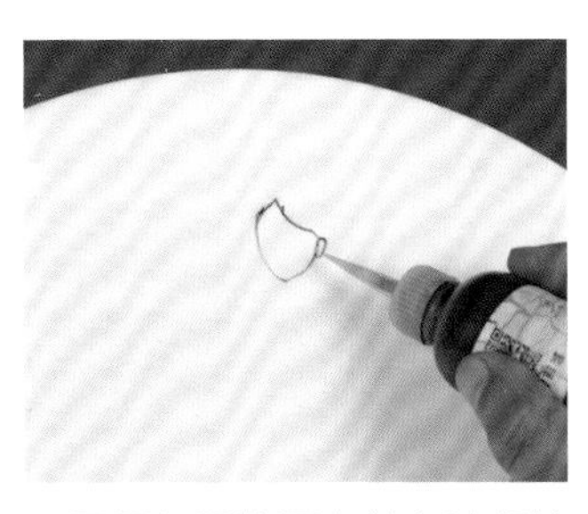

1. 用黑色果酱画出美女脸部轮廓。

2. 画出头发轮廓。

3. 画出黑色头发，然后将粉色果酱和橙色果酱混在一起，用棉签蘸上一点，擦在脸部和颈部。

4. 用黑色果酱画眉、鼻、眼。

5. 黑色果酱画出眼珠，粉色果酱画出嘴。

6. 用牙签擦出发丝。

7. 用橙色、白色、紫红色果酱画出头上的装饰物。

8. 用黑色果酱画出衣服、飘带。

9. 在衣服、飘带上涂上蓝色、粉色果酱，题诗“千秋无绝色，悦目是佳人”。

94 悟

1. 用黑色果酱画出女孩脸部轮廓。

2. 再画出耳朵和头发。

3. 在盘边挤一滴粉色果酱和一滴橙色果酱，混匀，用棉签蘸着擦出脸部。

4. 用黑色果酱画出眼、鼻、嘴、眉。用粉色果酱涂抹嘴。

5. 用牙签擦出发丝。

6. 用黑色果酱画出双手、衣服。

7. 用黑色果酱画出莲花、莲叶。用草绿色果酱画出里面的衣服。

8. 用草绿色果酱涂抹莲花、莲叶。用红色果酱涂抹飘带。用浅灰色果酱画出外面的衣服。

9. 题诗“一念心清净，处处莲花开”。

95 只身山水间

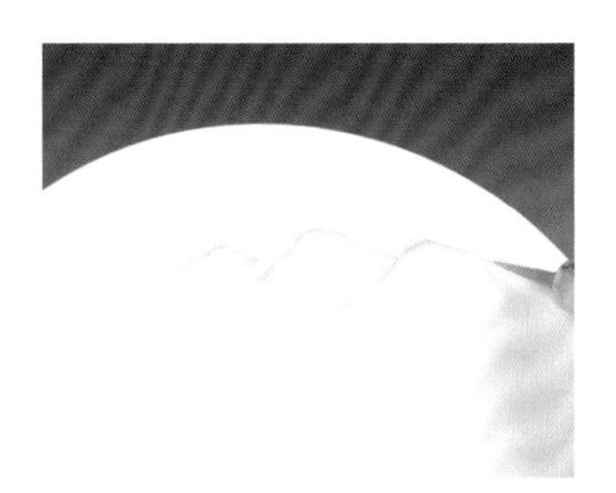

1. 用蓝色果酱画出山脊。

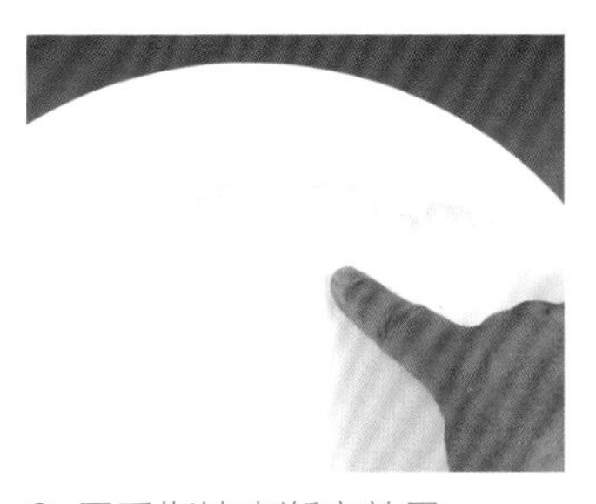

2. 用手指抹出渐变效果。

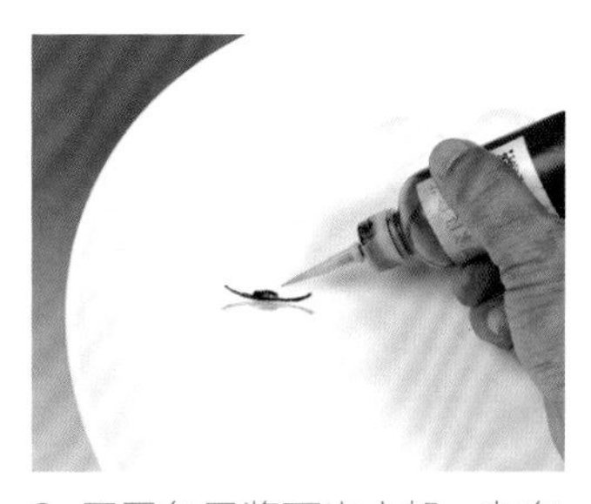

3. 用黑色果酱画出小船，灰色果酱画出倒影。

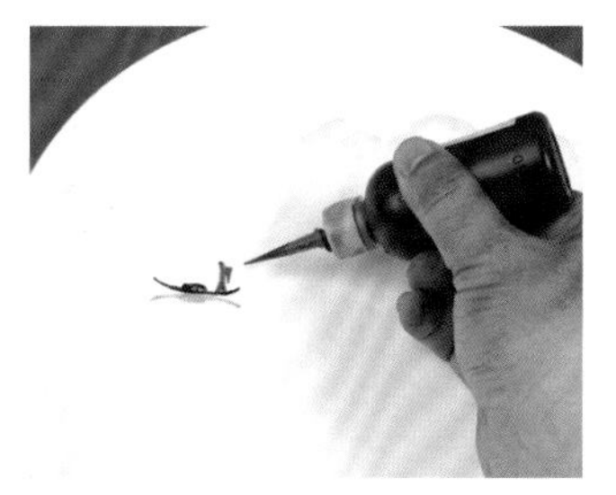

4. 用红色果酱画出吹箫人。

5. 用黑色果酱画出草帽、箫，用红色果酱画出人的倒影。

6. 题诗“只身山水间，往事散云烟”。

96 坐看云起

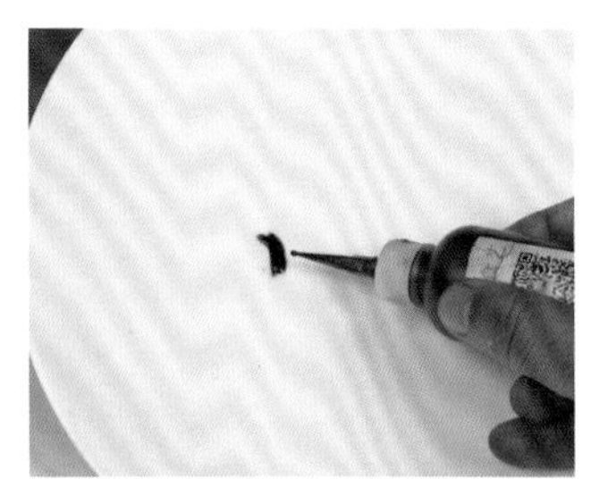

1. 挤一段黑色果酱。

2. 用手指抹出山石。

3. 用黑色果酱画出一棵树。

4. 用绿色果酱画出树叶。

5. 用红色果酱和黑色果酱画出红衣人。

6. 用黑色果酱画出草帽、小桌和茶具。

7. 题诗“行到水穷处，坐看云起时”。

97 垂钓绿湾春

1. 挤一些黄绿色果酱。

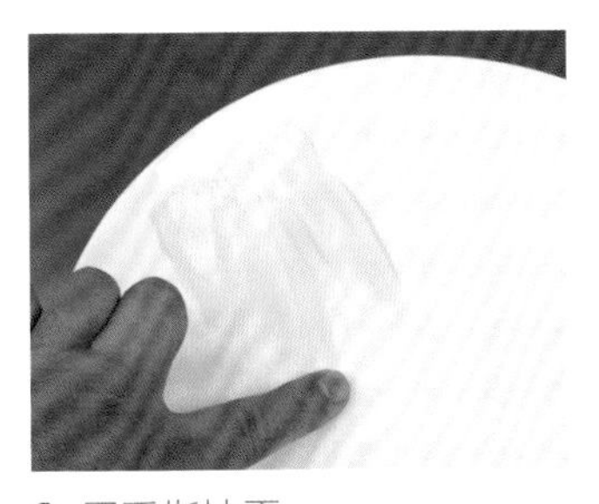

2. 用手指抹平。

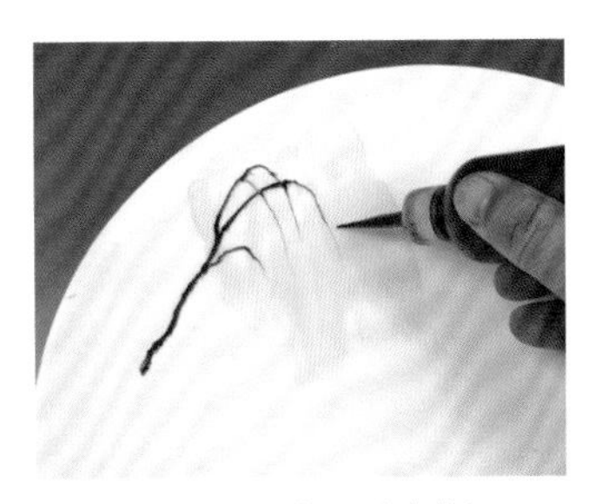

3. 用棕黑色果酱画出树枝。

4. 用棉签杆擦出树枝枯干的效果，然后用棕黑色果酱画出细枝条。

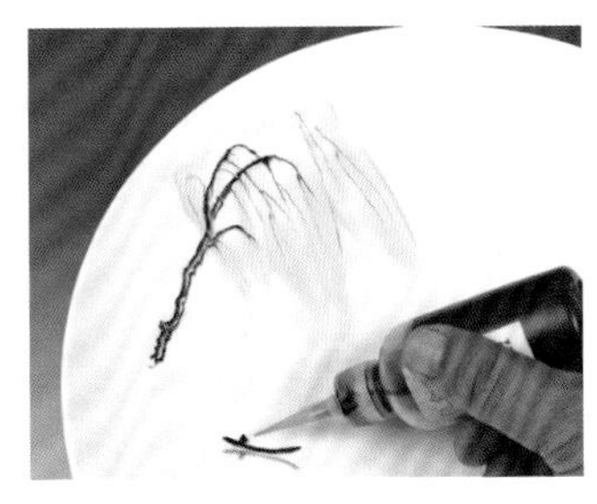

5. 用黑色果酱画出小船，灰色果酱画出倒影。

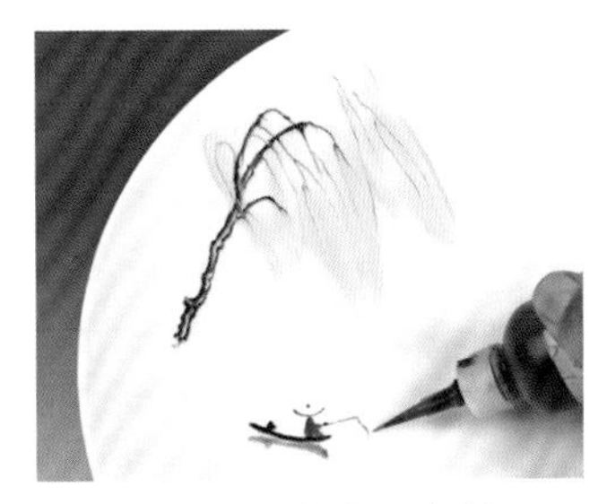

6. 画出红衣垂钓人及鱼竿。

7. 题诗“垂钓绿湾春”完成。

98 白首不相离

1. 挤一滴黑色果酱。

2. 抹出一段地面。

3. 用红色、蓝色果酱画出红、蓝两个人。

4. 画出箫和雨伞。

5. 用黑色果酱画出一棵树。

6. 用粉色果酱画出桃花。

7. 题诗“愿得一人心，白首不相离”。

99 江山千古秀

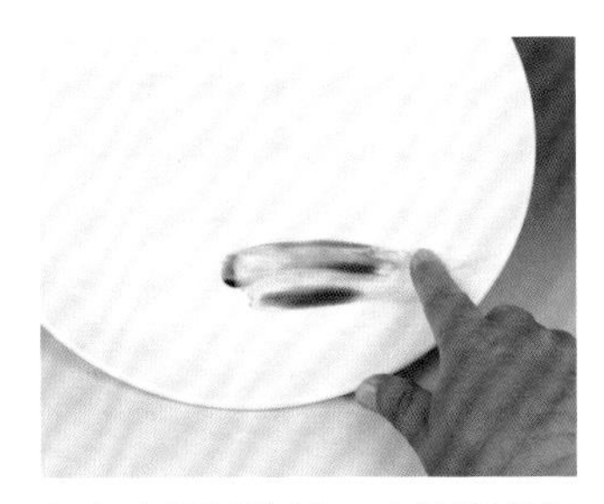
1. 在盘子下边挤一大滴黑色果酱，用手指抹出一段河岸。

2. 在盘子的上端画两条黑色线条。

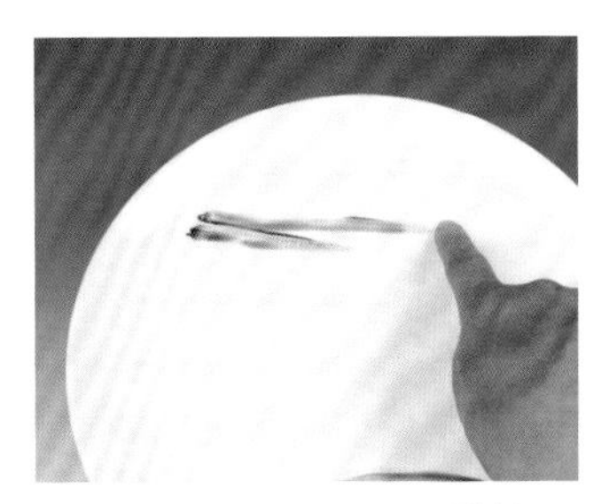
3. 用手指抹出两段远处的河岸。

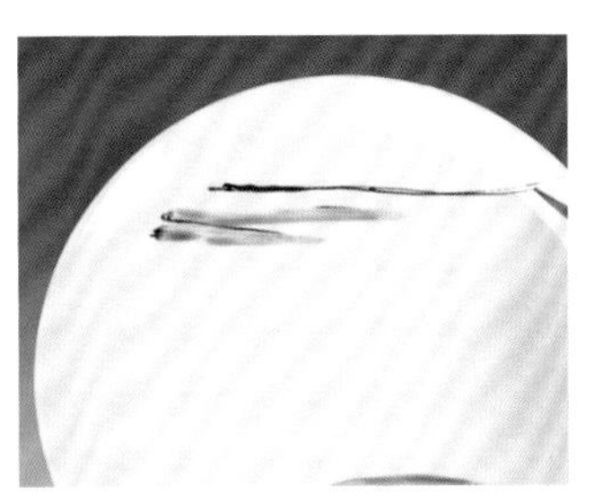
4. 在河岸的上面画一条黑线。

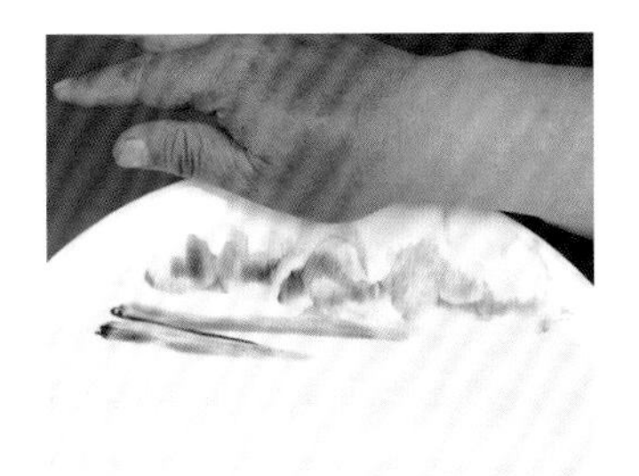
5. 用手掌向上抹出远山。

6. 用毛笔蘸紫红色果酱画出树叶。

7. 用黑色果酱画出树干，再用一根竹签划一下。

8. 用毛笔蘸黑色果酱横着画出树叶。

9. 用黑色果酱画出树干和旁边的一棵歪脖树干。

10. 用草绿色果酱画出歪脖树的树叶，再画出远处河岸上的绿草。

11. 画出远处河岸上的小树和两只帆船。

12. 用毛笔蘸墨绿色果酱画出树的底色。

13. 在近处河岸旁抹出绿色。题诗“江山千古秀，梅柳万户春”。

100 青绿山水

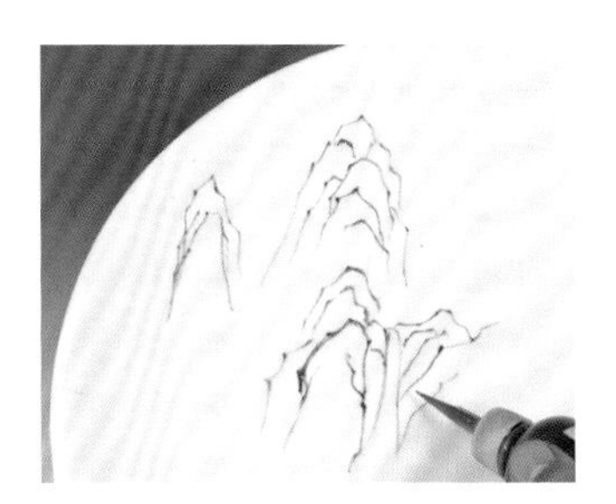

1. 用黑色果酱画出山形。

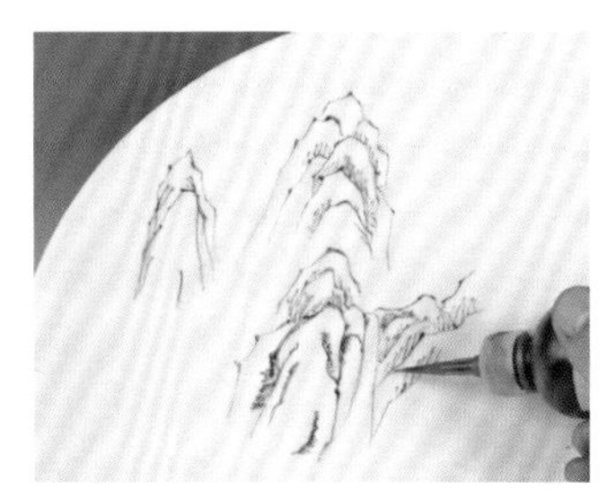

2. 用“披麻皴”方法画出山石侧面。

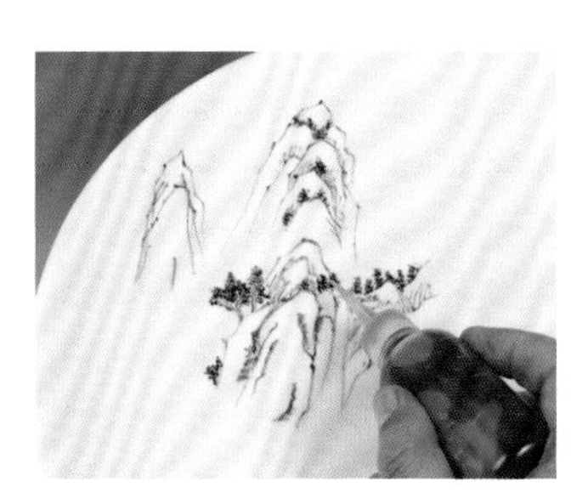

3. 用黑色果酱画出山顶树木。

4. 用浅灰色果酱画出山石侧面。

5. 再用浅棕色果酱染一遍山石侧面，然后用浅绿色果酱染一遍山石正面。

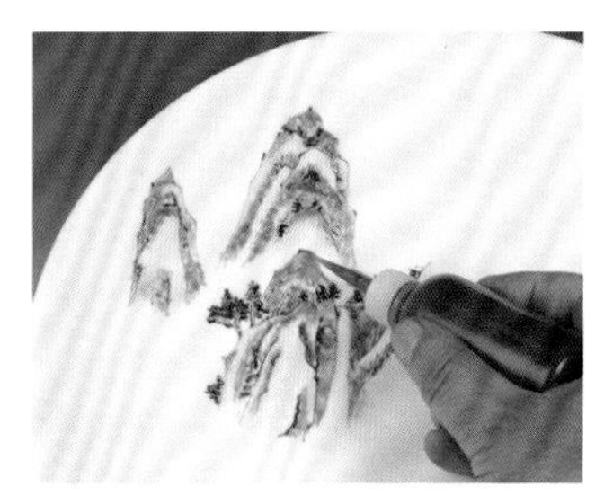

6. 用蓝色果酱染一下山头的部分。

7. 再用黑色果酱复勾一遍山石，画出一些苔点。

8. 用中灰色果酱画出远山。

9. 用蓝色果酱画出远山。题诗“万壑有声含晚籁，数峰无语立斜阳”。

101 雪景

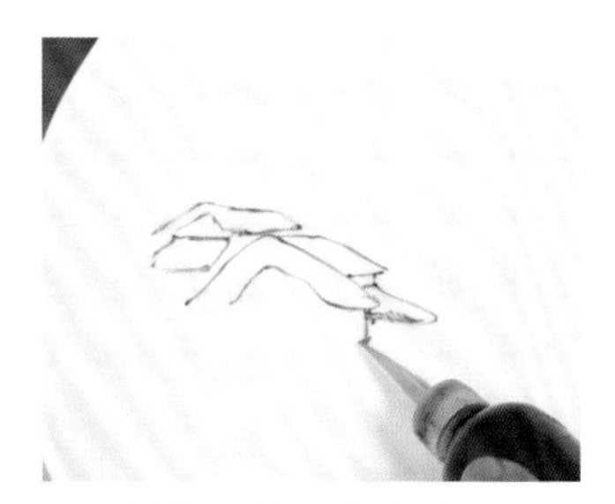

1. 用黑色果酱画出屋顶。

2. 再画出木板墙面、栅栏。

3. 用灰色果酱画出屋后的树影和山影。

4. 用棉签擦出炊烟。

5. 用黑色果酱画出屋后的高树。

6. 用黑色，红色果酱画出屋前的小树、小人和红色对联。

7. 题诗“隔牖风惊竹，开门雪满山”。

102 泼彩山水

1. 将蓝色和黑色果酱挤在盘边。

2. 用喷壶喷一层清水。

3. 用手指拍压果酱，使之化开，互相混溶。

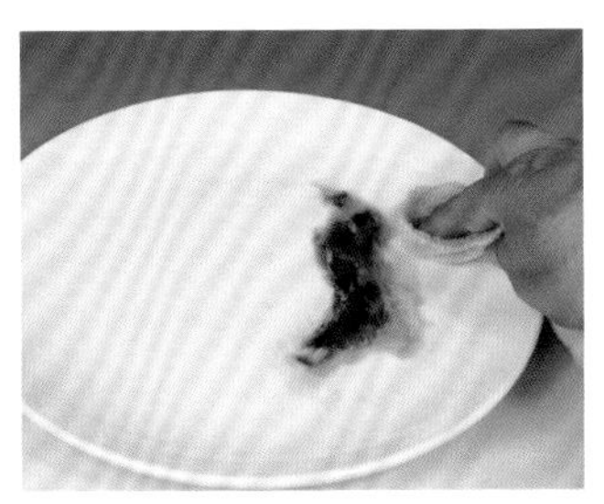

4. 将盘子倾斜，使果酱上下流淌，擦去多余部分。

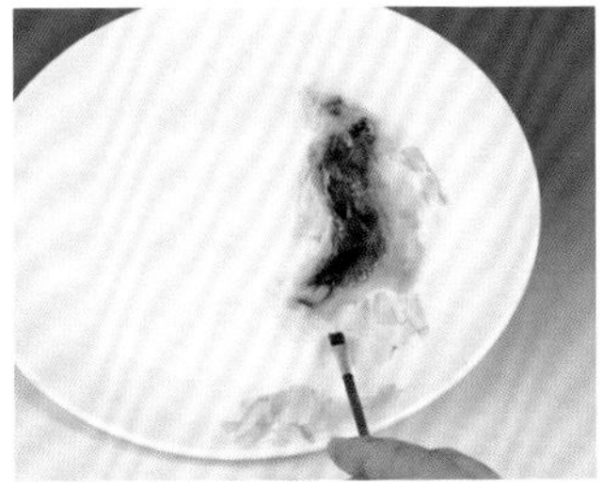

5. 待果酱半干后（可以用热风筒或微波炉加热），用排笔刷上棕色果酱。

6. 用黑色果酱画出山石。

7. 用黑色果酱画出山下小树和房子。

8. 再画出山下远处小树和远山。

9. 在房顶涂上橙色果酱。题诗“江山如画，一时多少豪杰”。

103 浅绛山水

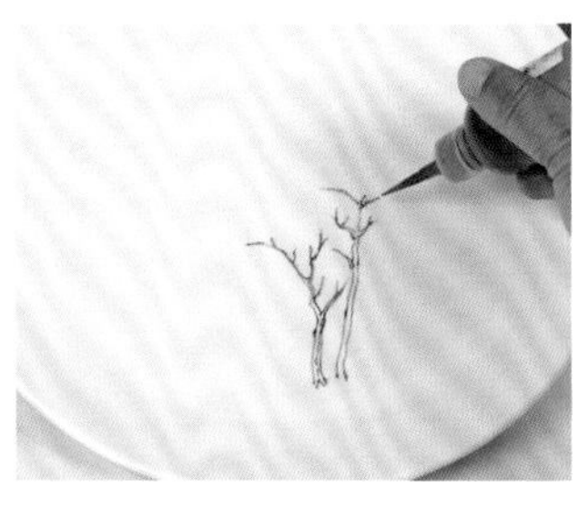

1. 用黑色果酱画出两棵树。

2. 再画出树叶。

3. 用黑色果酱画出山石和房子。

4. 画出山石侧面的纹理（国画中称披麻皴）。

5. 用浅灰色果酱画出山石侧面。

6. 再用浅棕色、浅蓝色、浅绿色果酱画出远处和近处山石。

7. 用橙色果酱涂房顶，再用黑色果酱复勾一遍山石，画出苔点。

8. 用草绿色果酱点蘸出草绿色树叶。

9. 题诗“开荒南野际，守拙归园田”。

104 庭院深深

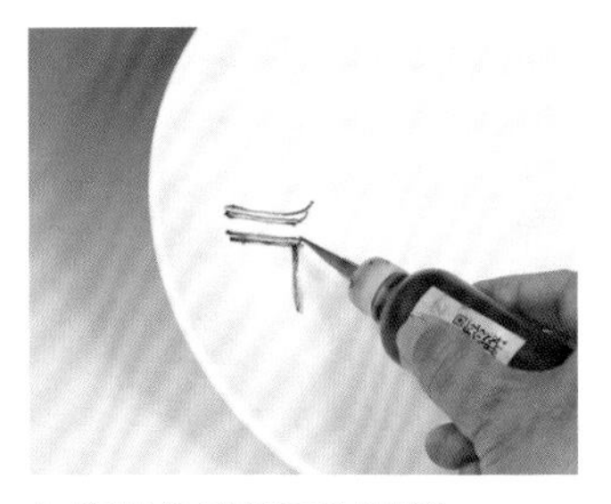

1. 用黑色果酱画出墙檐。

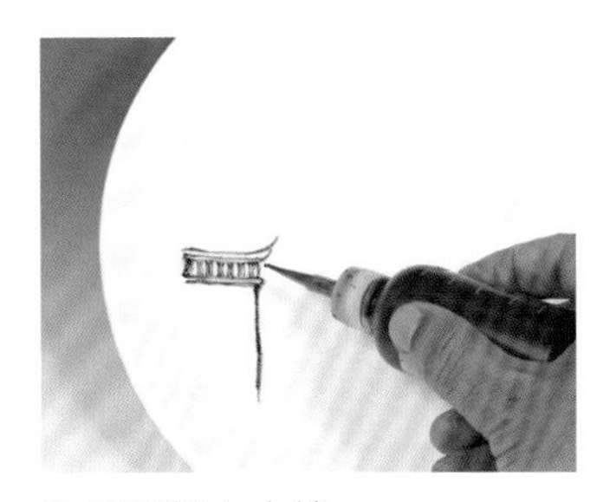

2. 画出墙上立柱。

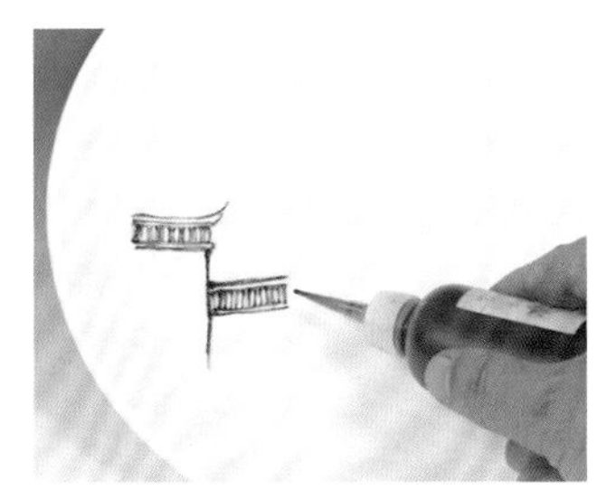

3. 再画一段墙。

4. 用黑色果酱画出树枝。

5. 用粉色果酱画出树叶。

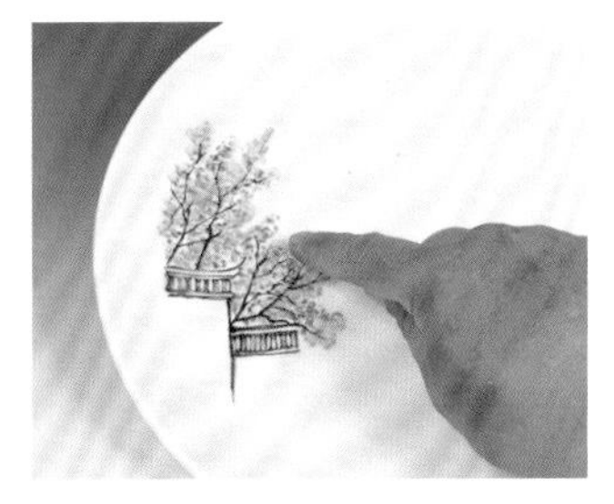

6. 用手指点染一下。

7. 再用红色果酱画出红色树叶。

8. 再用紫红色果酱画出些紫红色树叶。

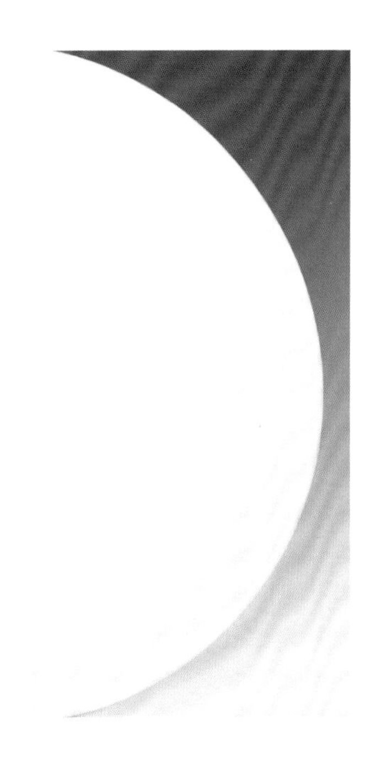

9. 题诗“庭院深深深几许”。

105 一曲相思入山河

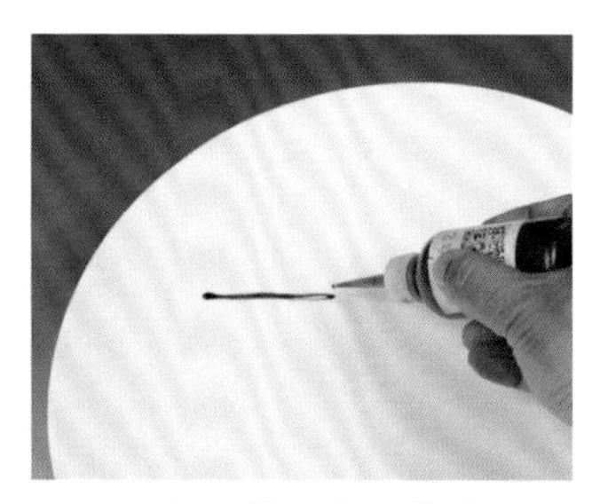

1. 用黑色果酱画出一横线。

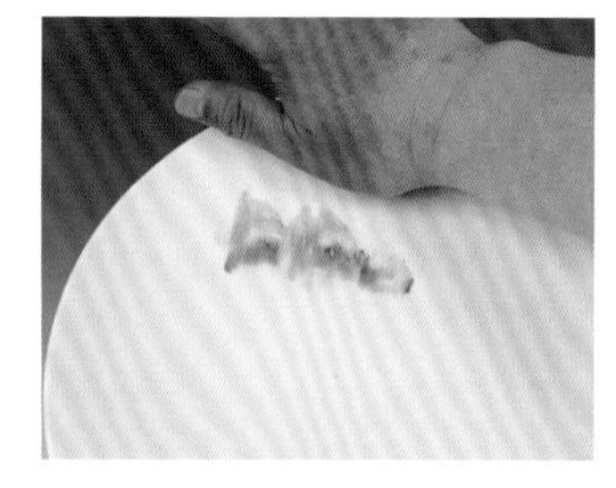

2. 用手掌向上抹出山形。

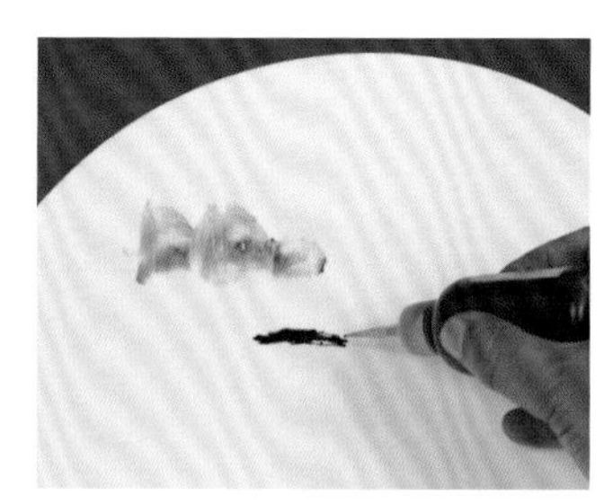

3. 用黑色果酱再画出一线段。

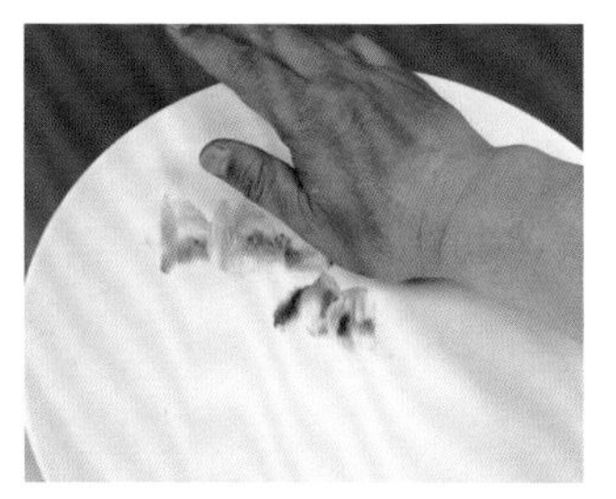

4. 再抹出山石。

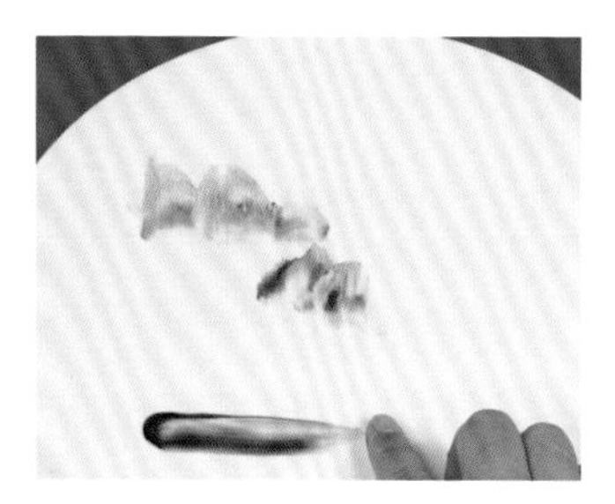

5. 再横着抹出一块山石。

6. 画出一红衣吹笛人。

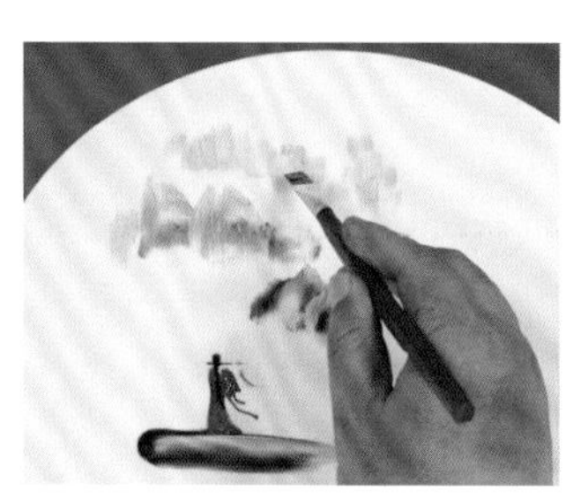

7. 用排笔蘸黑色果酱画出远处群山。

8. 用小毛笔蘸黑色果酱画出飞鸟。

9. 题诗“天地长不没，山川无改时”。

106 不老青山

1. 用排笔蘸黑色果酱画出山影。

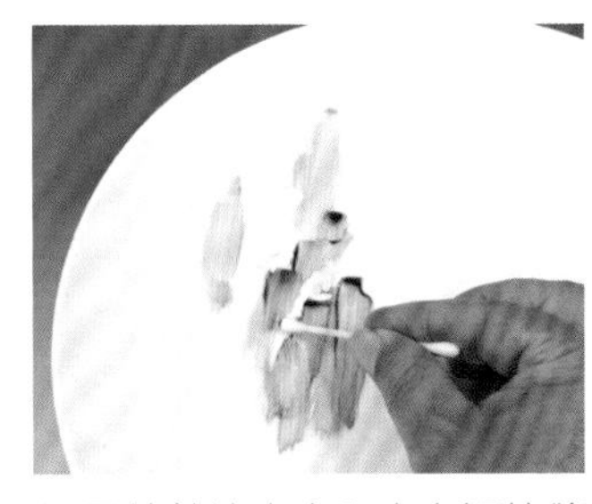

2. 用棉签擦出山和山之间的缝隙。

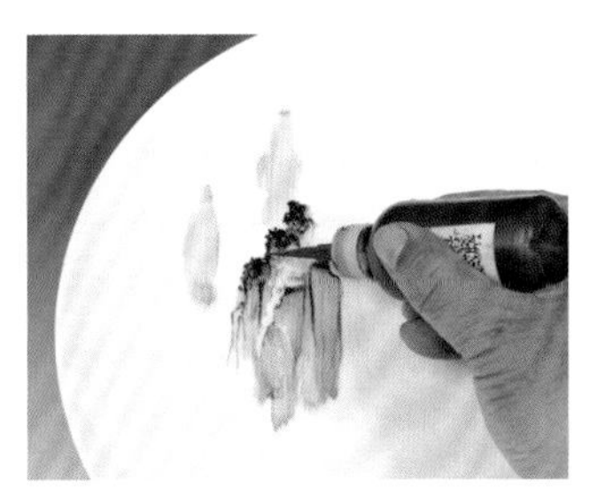

3. 用黑色果酱画出中间山顶上的树木。

4. 再画出近山山顶树木。

5. 用灰色果酱画出远山山顶上的树木。

6. 再画出小船和飞雁。

7. 题诗“江流天地外，山色有无中”。

107 水墨江南图

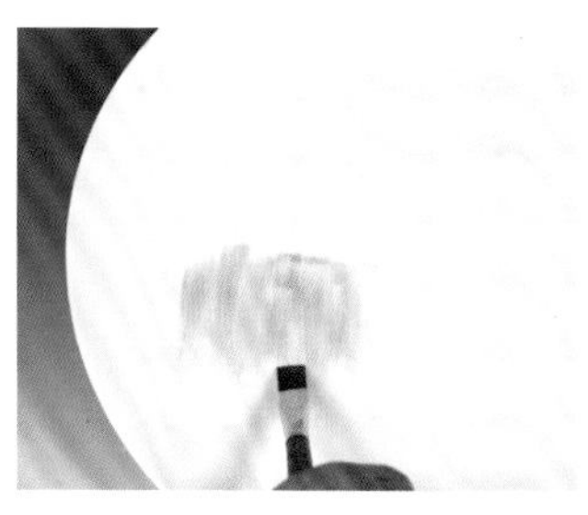

1. 用排笔蘸黑色果酱画出水的倒影。

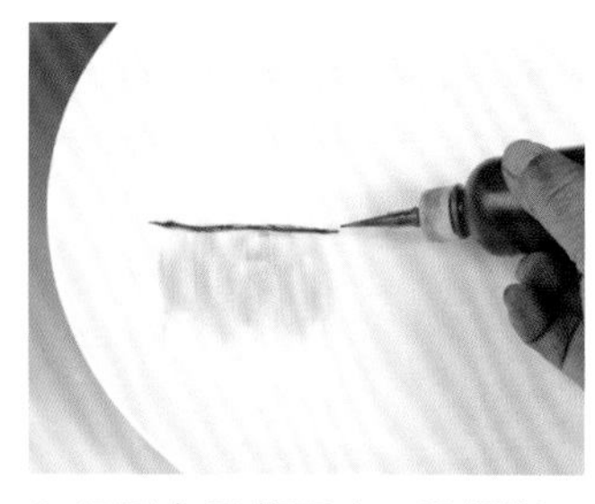

2. 用黑色果酱画出一段堤岸。

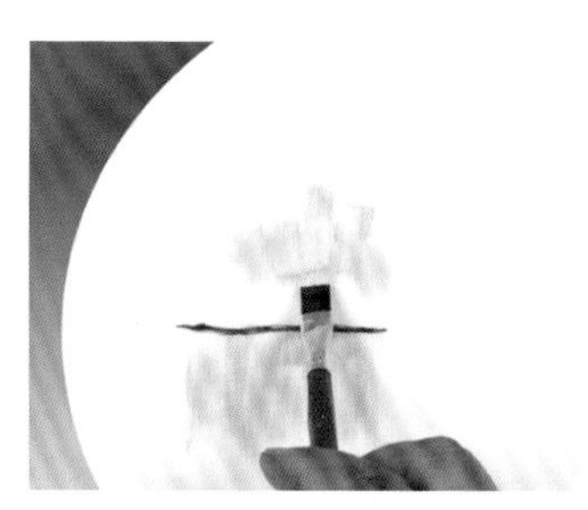

3. 再用排笔蘸黑色果酱画出远处的树影。

4. 用排笔蘸黑色果酱画出堤岸上的树影。

5. 用竹签擦出白色的树枝。

6. 再用黑色果酱画出一些树枝。

7. 画出小船、人、红伞和倒影。

8. 题诗“一片江南水墨图”。

108 水破法画树林

1. 将黑色、红色、蓝色果酱挤入盘中。

2. 滴上一点清水。

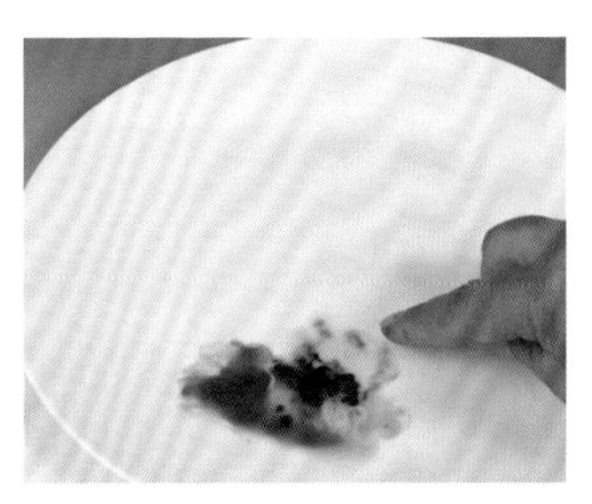

3. 用手指按压果酱，使果酱与水混溶。

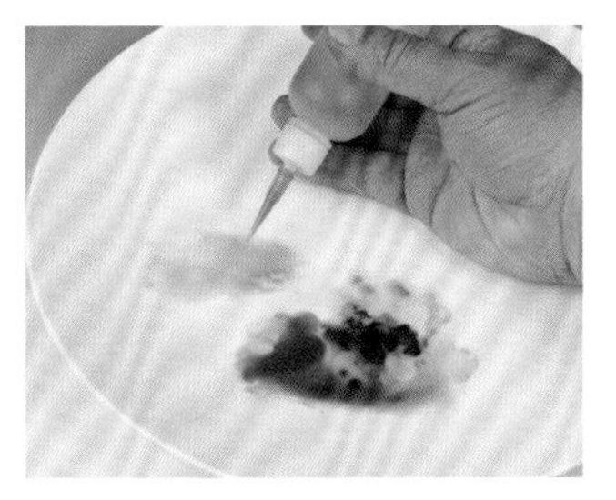

4. 在左侧抹出棕色果酱。

5. 待果酱半干时用黑色果酱画出树。

6. 再画出小树。

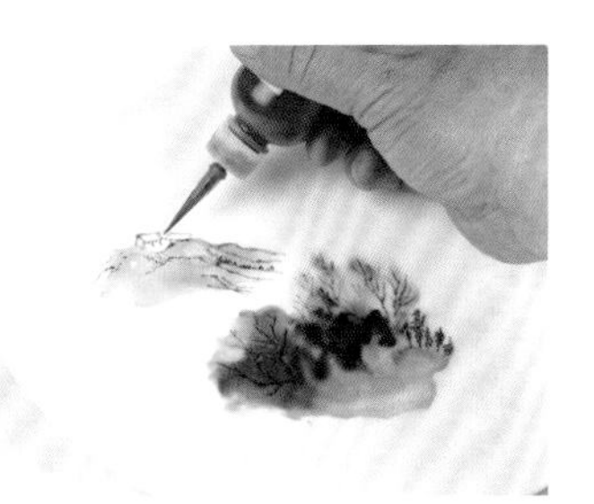

7. 再用黑色果酱画出左侧的山石和房子。

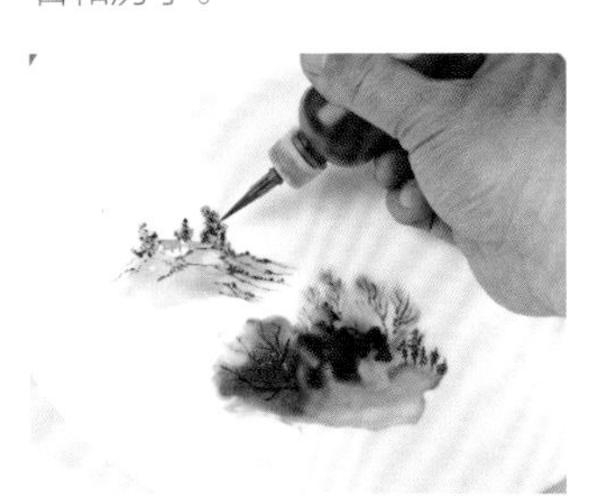

8. 房顶涂上棕色果酱。再画出树木。

9. 题诗“空山新雨后，天气晚来秋”。

鱼雕技法

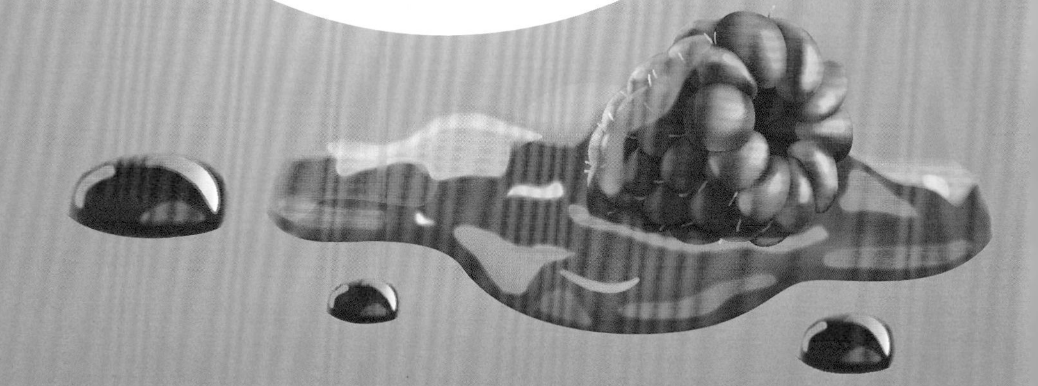

一、什么是鱼雕

简单点说，将新鲜的生鱼片在餐盘中拼摆成一艺术造型，既可欣赏亦可食用，这就是鱼雕。现在的鱼雕通常与果酱画结合，用果酱画表现鱼雕中一些鱼片难以表现的细节。鱼雕通常像一幅背景画一样垂直放置于刺身拼盘或海鲜姿造上，既起到美化装饰的作用，同时也可以食用（涮火锅或蘸芥末生食）。

二、鱼雕的起源与发展

鱼雕最早起源于海鲜姿造。所谓海鲜姿造是起源于我国南方的一种海鲜火锅，原料都是极为新鲜的海鲜，切片后既可涮火锅，亦可生食。店家为了展示原料的新鲜品质，也为了展示饭店的档次和厨艺，将原料在盘中摆成优美图案，如菊花图案、孔雀图案等。后来随着技术的不断发展，加上果酱画技术的融入，逐渐使鱼雕成为一门深受欢迎的技术。发展到现在，很多海鲜自助餐以及酒店里的冷菜间、刺身房里都用到了鱼雕。

鱼雕技术包括很多内容：鱼的选择、加工、宰杀、剔骨、碎冰造型等。本书只对鱼雕造型方面的知识做一点简单的介绍，希望能起到抛砖引玉的作用。

三、鱼雕制作的要点

鱼雕制作有以下几个要点：

（1）原料必须新鲜，最好是鲜活的鱼类。

（2）鱼的品质要好，质地细嫩、无肌间刺、颜色美观。

（3）刀工要精湛，操作要熟练。

（4）拼摆要合理，造型要美观，要充分利用鱼肉的色差和质感。

（5）注意卫生，这一点尤为重要，包括砧板、刀具、餐盘、操作环境、个人卫生。操作时要戴专用的手套，使用专用的刀具。

（6）适当使用果酱，不宜多用、滥用。

四、鱼雕的工具与原料

常用工具：砧板、柳叶刀、手套、鱼刺夹、铁筷子、镊子等（图 4-1）。

原料：三文鱼、金枪鱼、石斑鱼、真鲷鱼（以下简称鲷鱼）等。本书用的是冷冻的鲷鱼片（图 4-2）。

图4-1　鱼雕常用工具

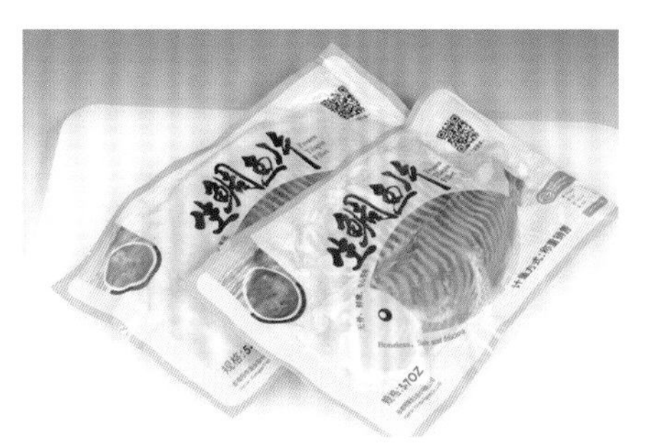

图4-2　鱼雕常用原料

五、鱼雕操作步骤

鱼雕的具体操作步骤如下，以冷冻鲷鱼肉为例。

（1）将鲷鱼肉从冰箱中取出，在室温下放置三四分钟，至鱼肉略解冻，刚刚能切片的时候开始操作。

（2）修形。开袋后，先将原料边缘不够整齐的地方修整一下，剔去皮膜、碎肉、小刺（图 4-3）。

（3）横向切开。将鱼肉按纹理结构分割成两部分（图 4-4）。

图4-3　修整边缘

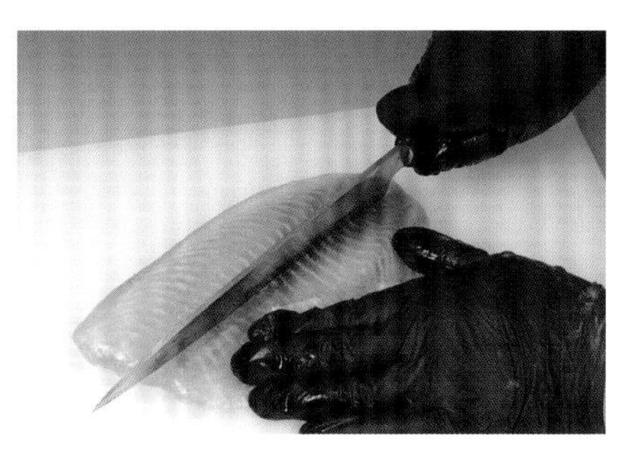

图4-4　顺长切开

（4）直刀切片。这是鱼雕中比较常用的方法，适合于切刚解冻的鱼肉，刀垂直切下鱼片，鱼片厚度 1 ~ 2mm（图 4-5）。

（5）逐片修形。将切下的鱼片整齐地摆在砧板上，然后切一刀将鱼片一端修尖，再切一刀将鱼片的另一端修尖，形成柳叶形片，然后用刀尖挑起，就可以摆在盘中了（图 4-6）。

图4-5 直刀切片

图4-6 修柳叶形

（6）其它刀法之“斜刀片”。刀与砧板形成一定角度将鱼肉切成薄片，这种方法适用于鲜活鱼肉的加工（图 4-7）。

（7）其它刀法之“先修后切”。先将原料在半冷冻的状态下修成水滴形（或其它形状），然后再直刀切片，这样会大大提高工作效率（图 4-8、图 4-9）。

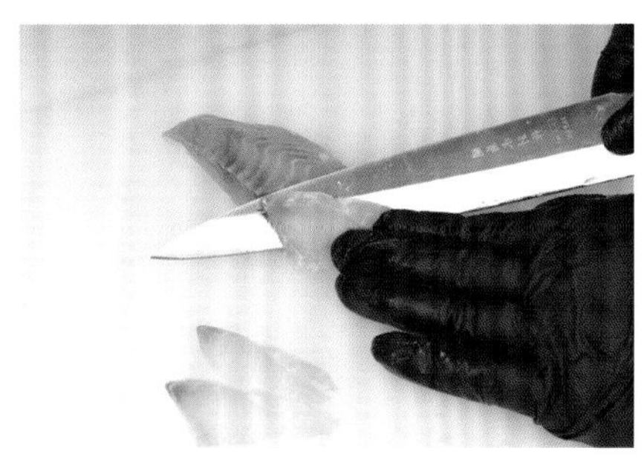

图4-7 斜刀片

图4-8 先将原料修成水滴形

图4-9 再直刀切片

六、鱼雕技法实例

1 仙鹤

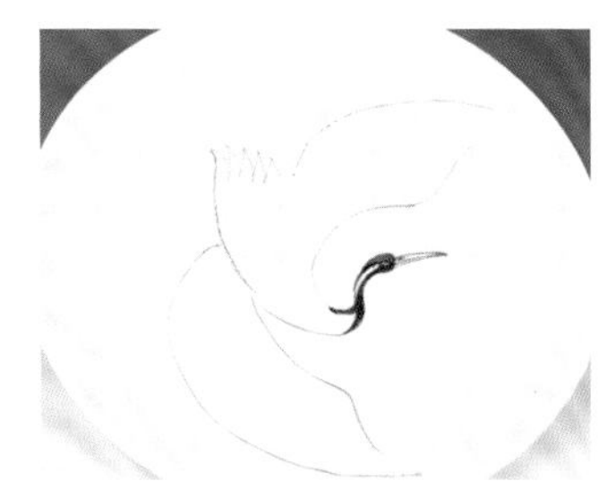

1. 用黑色果酱和红色果酱在盘中画出仙鹤。

2. 鲷鱼肉切片，修柳叶形，摆出第一片翅膀上的羽毛。

3. 依次摆出整个翅膀。

4. 同样方法摆出另一个翅膀，再摆出尾巴。

5. 选浅色鱼肉修成水滴形切片，摆出身体、脖颈。

6. 用黑色果酱画出双腿。

7. 题字，装饰，加干冰，完成。

2 虾

1. 鲷鱼肉切片，修成两个三角形，拼摆出虾头。

2. 选鲷鱼肉切片，修成梯形，摆出第一节虾身。

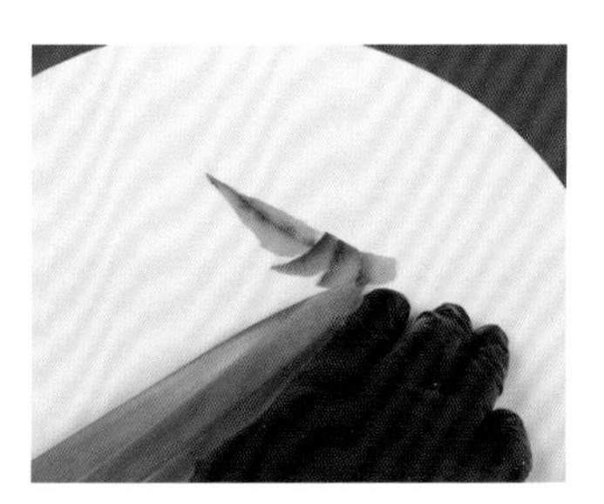

3. 再摆出几节虾身。

4. 摆出五六节虾身后，摆出虾尾。

5. 同样方法再摆出一只虾。

6. 用黑色果酱画出虾的眼睛和须、钳。

7. 题字，装饰，加干冰，完成。

3 蝴蝶

1. 鲷鱼肉切水滴形片，摆出一个扇形翅膀。

2. 鲷鱼肉切柳叶形片，再摆出一个扇形翅膀。

3. 再用水滴形鱼片摆出一个扇形翅膀，一个尖形鱼片摆出尾部。

4. 再摆出一个完全张开翅膀的蝴蝶。

5. 用深色鱼片摆出身体。

6. 用黑色果酱画出须、眼和斑节。

7. 题字，装饰，加干冰，完成。

4 神仙鱼

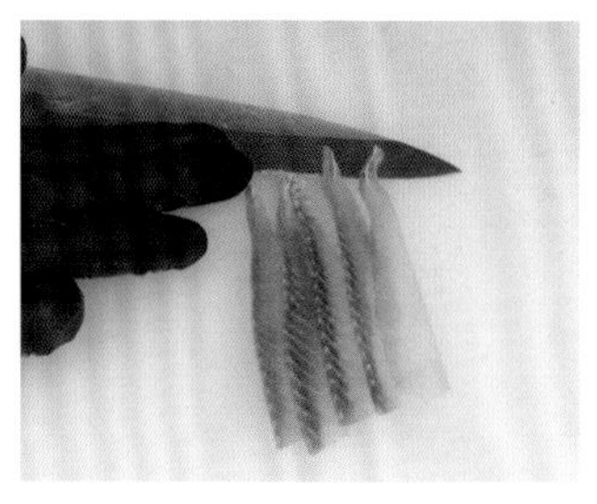

1. 鲷鱼肉切片，排在一起。

2. 斜着切一刀。

3. 换个方向，再斜向切一刀，切出一个三角形。

4. 将鱼肉摆在盘中，即为鱼身。

5. 同样方法再摆出一个鱼身，然后切尖形鱼片摆鱼尾、鱼鳍。

6. 用黑色果酱画出鱼眼。

7. 题字，装饰，完成。

5 鹤鸣九霄

1. 鲷鱼肉切片，修柳叶形，摆出仙鹤翅膀上的第一片羽毛。

2. 同样方法再摆出几片羽毛。

3. 摆出整个翅膀。

4. 摆出另一个翅膀。

5. 摆出尾巴、后背。

6. 摆出腹部、脖颈。

7. 用黑色果酱画出仙鹤的脖子。

8. 再画出仙鹤的头、嘴、腿。

9. 题字，装饰，加干冰，完成。

6 雄鹰展翅

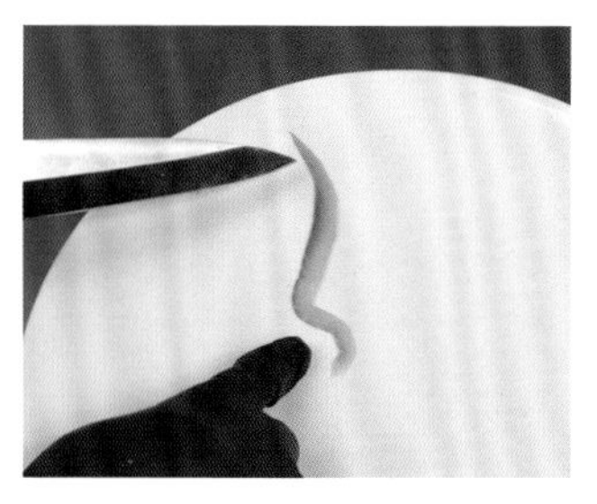

1. 鲷鱼肉切片，修成柳叶形，摆出翅膀的第一根羽毛。

2. 拼摆出整个翅膀。

3. 选一块鱼肉修小水滴形切片，再摆一层翅膀。

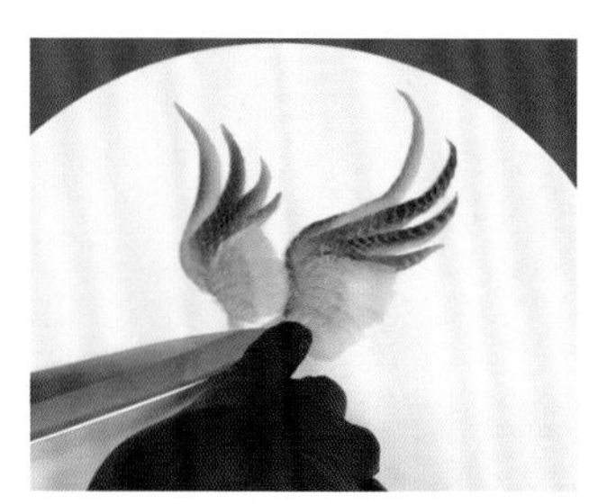

4. 同样方法摆出另一个翅膀。

5. 摆出鹰尾、后背。

6. 摆出腹部、脖颈。

7. 再摆出双腿。

8. 用黑色果酱画出嘴、眼和鹰爪。

9. 题字，装饰，加干冰，完成。

7 凤凰

1. 鲷鱼肉切片，修成柳叶形，拼出三个凤尾。

2. 拼出三支长尾翎。

3. 拼摆出凤的短尾和后背。

4. 拼摆出两个翅膀和脖颈。

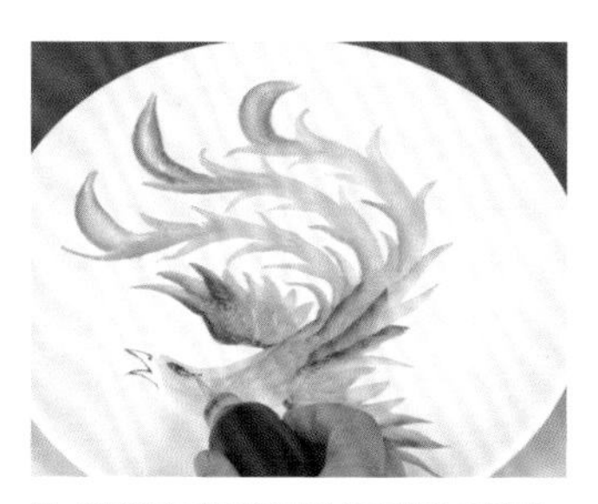

5. 用黑色果酱画出凤嘴和眼睛。

6. 用红色果酱画出凤冠，黑色果酱画出凤腿。

7. 凤腿上涂橙色果酱。题字，装饰，加干冰，完成。

8 公鸡

1. 鲷鱼肉切片，修成柳叶形，摆出公鸡的第一个尾翎。

2. 摆出公鸡的整个尾巴。

3. 摆出公鸡的腹部。

4. 摆出公鸡的身体、脖颈。

5. 再将鲷鱼肉修水滴形，切片，拼摆出翅膀。

6. 用黑色果酱画出公鸡的嘴、眼。

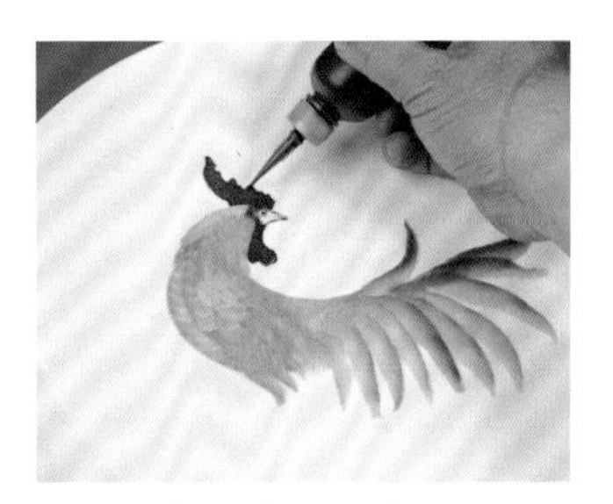

7. 用红色果酱画出鸡冠。

8. 再用黑色、黄色果酱画出鸡腿。用黄色果酱涂鸡嘴。

9. 题字，装饰，加干冰，完成。

9 锦鸡

1. 鲷鱼肉切片，修柳叶形，两片拼成一个长尾。

2. 再摆出几个短尾。

3. 摆出背部、腹部曲线。

4. 摆出身体、第一层翅膀上的羽毛和大腿。

5. 摆出头翎。

6. 选一块鱼肉修水滴形切片，摆出第二层翅膀。

7. 用黑色果酱画出眼、嘴、腿、爪。

8. 嘴和腿、爪涂上黄色果酱。用点虱法画出两朵花。画出叶片和花蕾。

9. 题字，装饰，加干冰，完成。

10 美女

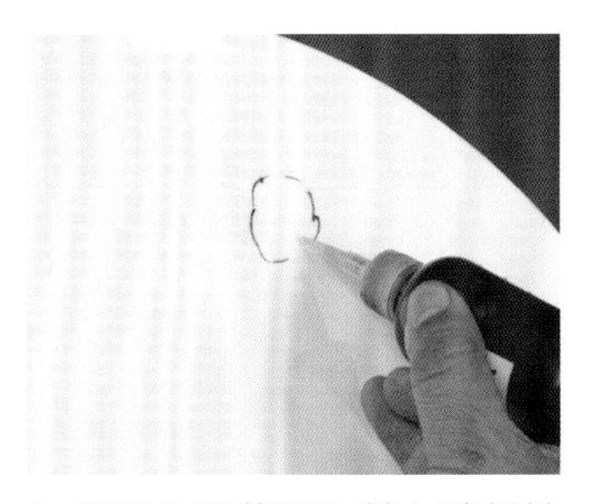

1. 用黑色果酱画出美女脸部轮廓。

2. 画出头发。

3. 画出眉、鼻、眼、嘴。

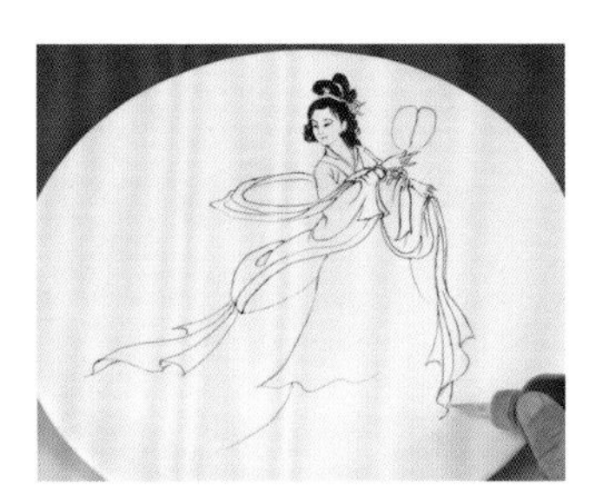

4. 画出衣纹和扇子。

5. 用红色、粉色、绿色果酱给衣服、扇子和飘带染色。头饰、脸颊分别上色。

6. 飘带末端、扇子涂上黄色果酱。鲷鱼肉切长方形片，摆出底裙。

7. 再摆出两层短裙。

8. 再摆出袖口和裙边。

9. 题字，装饰，加干冰，完成。